普通高等教育"十三五"规划教材

STC单片机
项目实例教程

主　编◎刘　丽　李雁星　齐晶薇

副主编◎陈　青　刘远聪　苏明霞

U0302765

互联网+
创新型系列教材

华中科技大学出版社
http://www.hustp.com
中国·武汉

内 容 简 介

本书详细介绍了 STC 系列单片机的开发技术、开发工具及典型应用。

本书分为 STC 单片机及其应用开发语言和开发环境、单片机开发实例——基础篇和单片机开发实例——提高篇三部分内容。其中,单片机开发实例——基础篇中包括 LED 花样流水灯设计、比赛记分牌设计、简易矩阵式键盘的设计、8×8 点阵显示器的设计、波形发生器设计、LCD 液晶显示器的应用设计和步进电机控制系统设计等七个教学实践项目,每个项目均按照"项目知识点→项目实施→项目改进"的流程进行讲解;单片机开发实例——提高篇中包括音乐彩灯设计、电子万年历设计、密码锁设计、多路温度检测系统设计、光照测试仪设计、指纹识别系统设计、色彩识别系统设计、无线照明控制系统设计、循迹机器人设计等九个教学实践项目,每个项目均按照"需求分析→设计方案→硬件设计→软件设计→系统调试"的流程进行讲解。所有项目在整体上体现了"项目导向、任务驱动"的教学理念与模式。

为了方便教学,本书还配有电子课件等教学资源包,任课教师和学生可以登录"我们爱读书"网(www.ibook4us.com)注册并浏览,任课教师还可以发邮件至 hustpeiit@163.com 索取。

本书内容充实、实例全面,可作为应用型本科院校及高职高专院校学生学习单片机技术的教材,也可作为电信、通信、计算机、电子等相关专业学生课程设计、毕业设计的参考书,还可供单片机爱好者阅读参考。

图书在版编目(CIP)数据

STC 单片机项目实例教程/刘丽,李雁星,齐晶薇主编.—武汉:华中科技大学出版社,2019.11(2023.6 重印)
普通高等教育"十三五"规划教材
ISBN 978-7-5680-5834-6

Ⅰ.①S…　Ⅱ.①刘…　②李…　③齐…　Ⅲ.①单片微型计算机-高等学校-教材　Ⅳ.①TP368.1

中国版本图书馆 CIP 数据核字(2019)第 253339 号

STC 单片机项目实例教程
STC Danpianji Xiangmu Shili Jiaocheng

刘　丽　李雁星　齐晶薇　主编

策划编辑:康　序
责任编辑:康　序
封面设计:孢　子
责任监印:朱　玢

出版发行:华中科技大学出版社(中国·武汉)　　电话:(027)81321913
　　　　　武汉市东湖新技术开发区华工科技园　　邮编:430223

录　　排:武汉三月禾文化传播有限公司
印　　刷:武汉邮科印务有限公司
开　　本:787mm×1092mm　1/16
印　　张:13.5
字　　数:345 千字
版　　次:2023 年 6 月第 1 版第 2 次印刷
定　　价:38.00 元

单片机技术已广泛应用于工业控制、农业生产、通信系统、武器装备和人们日常活的方方面面。近年来，单片机技术的快速发展使得其应用范围越来越广，深刻改变了人们的生活，从车载电子、移动终端到智能家居，从可穿戴设备、智能玩具到智能机器人。技术的进步带来的舒适与便利无处不在，单片机技术的应用与发展对经济、社会有着重要的影响，利用单片机技术不仅可以开发新产品，还可以改造原有设备以提高工作效率，降低能源消耗。未来，单片机的应用前景将更加广阔。

单片机种类繁多，企业做技术开发时所选用的单片机也不尽相同，但是各高校所讲授的大多仍是 MCS 系列单片机，这是因为 MCS-51 单片机与其他类型单片机相比，入门较简单，有大量的经典电路和程序可以直接移植，沉淀的技术资料较多。本书选用了 STC（宏晶科技）推出的 51 系列单片机，使用当下应用广泛的 C51 编程语言，配合 Keil 集成开发环境与 Proteus 仿真调试软件，设计了理论与实践一体化，且偏重技术技能的教学实践框架。

单片机的开发过程一般包括需求分析、硬件电路设计、软件程序设计、软硬联调等环节，每一个环节都是至关重要的，并且都决定着最终产品的成功与否。对于热爱单片机制作的初学者而言，制作一个完整的单片机产品，不仅要有相关的硬件电路基础知识，还要掌握软件编程的基础技能，这些技能都是完成一个单片机产品必不可少的条件。

本书体现了"项目导向、任务驱动"的教学理念与模式，共设计了 16 个教学实践项目，分别为：LED 花样流水灯设计、比赛记分牌设计、简易矩阵键盘设计、8×8 点阵显示屏设计、波形发生器设计、LCD 液晶屏应用设计、步进电机控制系统设计、音乐彩灯设计、电子万年历设计、密码锁设计、多路温度检测系统设计、光照测试仪设计、指纹识别系统设计、色彩识别系统设计、无线照明控制系统设计、循迹机器人设计等。为了便于读者学习，本书将各项目涉及的知识、原理等内容打包放入"项目知识点"中。全部 16 个项目覆盖了单片机理论与实践教学的方方面面。

在本书的编写过程中融入了编者多年从事单片机应用技术等相关课程的教学与实践指导经验,希望单片机初学者通过本书的学习能掌握单片机的应用技术的基础知识,同时也为将来学习更复杂的单片机技术打下坚实的基础。

本书由武昌首义学院刘丽、广西外国语学院李雁星、哈尔滨远东理工学院齐晶薇担任主编,由武昌首义学院陈青、西北师范大学知行学院刘远聪、武汉华夏理工学院苏明霞担任副主编,全书由刘丽审核并统稿。

本书既可作为广大爱好单片机的初学者的入门指导书,也可作为高等院校计算机、电子信息等相关专业学生的教学用书。

由于编者水平有限,书中难免有疏漏之处,敬请广大读者批评指正。

为了方便教学,本书还配有电子课件等教学资源包,任课教师和学生可以登录"我们爱读书"网(www.ibook4us.com)注册并浏览,任课教师还可以发邮件至 hustpeiit@163.com 索取。

编 者

2019 年 6 月

目录

CONTENTS

第1章 STC 单片机及其应用开发语言和开发环境

1.1 STC 单片机简介

◆ 1.1.1 STC 单片机的发展过程

STC micro(宏晶科技公司)于 1999 年在深圳成立,经过 15 年的发展,其目前已成为全球最大的 8051 单片机设计公司。2011 年,STC 从深圳迁至南通,同时 8000 平方米的 STC 全球运营总部即投入使用。STC 具备 $0.35\mu m$、$0.18\mu m$、$0.13\mu m$ 和 90nm 的高阶数模混合集成电路的设计能力。

2004 年以来,STC 根据用户的不同需求相继推出了不同系列的 8051 单片机,如表 1-1 所示。

表 1-1 STC 8051 单片机的发展历史

年份	事　件
2004	STC 公司推出 STC89C52RC/STC89C58RD＋系列 8051 单片机
2006	STC 公司推出 STC12C5410AD 和 STC12C2052AD 系列 8051 单片机
2007	STC 公司相继推出 STC89C52/STC89C58、STC90C52RC/STC90C58RD＋、STC12C5608AD/STC12C5628AD、STC11F02E、STC10F08XE、STC1lF60XE、STC12C5201AD、STC12C5A60S2 系列 8051 单片机
2009	STC 公司推出 STC90C58AD 系列 8051 单片机
2010	STC 公司推出 STC15F100W/STC15F104W 系列 8051 单片机
2011	STC 公司推出 STC15F2K60S2/IAP15F2K61S2 系列 8051 单片机
2014	STC 公司相继推出 STC15W401AS/IAP15W413AS、STC15W1K16S/IAP15W1K29S、STC15W404S/IAP15W413S、STC15W100/IAP15W105、STC15W4K32S4/IAP15W4K58S4 系列 8051 单片机

◆ 1.1.2 IAP 和 ISP

当设计者在单片机上完成单片机的程序开发后,就需要将程序固化到单片机内部的程序存储器中。当单片机的程序存储器采用 Flash 工艺时,则允许设计者可以重复的固化程序到程序存储器中。

显然,设计者可以在本地完成程序的固化,然后将系统交付使用方。但是,也存在另一种情况,当包含有单片机的系统成品交付客户使用后,使用一段时间后需要设计方对产品进行更新,但是由于种种原因设计者又不能到达现场,此时就需要使用其他的更新方式。典型的方式是通过网络的远程更新。

因此,我们将本地固化程序的方式称为在系统编程(in system programming,ISP),而将另一种固化程序的方式称为在应用编程(in application programming,IAP)。下面对这两种方式进行简单的说明。

1. ISP

通过单片机专用的串行编程接口和 STC 提供专用串口下载器固化程序软件,对单片机内部的 Flash 存储器进行编程。一般来说.实现 ISP 只需要很少的外部电路。

2. IAP

IAP 技术是从结构上将 Flash 存储器映射为两个存储空间。当运行一个存储空间内的用户程序时,用户可对另一个存储空间进行重新编程。然后,将控制权从一个存储空间转移到另一个存储空间。IAP 的实现更加灵活。例如,可利用单片机的串行口连接到计算机的 RS-232 口,通过设计者自己专门设计的软件程序来对 STC 单片机内部的存储器编程。

支持 ISP 方式的单片机,不一定支持 IAP 方式。但是,支持 IAP 方式的单片机,一定支持 ISP 方式。ISP 方式应该是 IAP 方式的一个特殊的"子集"。

在 STC 单片中,前缀为 STC 的单片机,不支持 IAP 固化程序方式;而前缀为 IAP 的单片机,则支持 IAP 固化程序方式。

◆ **1.1.3　STC 单片机封装类型**

从封装类型上来说,STC 单片机主要有双列直插式(dual inline-pin package,DIP)封装和表面贴装(surface mounted devices,SMD)封装两种类型。更进一步可将 DIP 封装分为 PDIP 和 SKDIP 等类型;将 SMD 分为 LQFP、SOP、TSSOP、QFN 等类型。

STC 单片机所提供的不同封装对电气特性和印刷电路板的设计等都有直接的影响。设计者应根据设计要求来选择所需要的单片机封装形式。

1. 双列直插式封装

双列直插式封装(DIP),也称为双列直插式封装技术,如图 1-1 所示。早期的集成电路大多采用双列直插式封装,其引脚数一般不超过 100。DIP 封装的引脚按逆时针顺序排列,芯片的第一个引脚位于如图 1-2 所示的位置。采用 DIP 封装的集成电路芯片有两排引脚,需要插入具有 DIP 结构的芯片插座上。当然,也可以直接插在有相同焊孔数和几何排列的电路板上进行焊接。当从芯片插座上插拔 DIP 封装的芯片时应特别小心,以免损坏引脚。

DIP 封装的结构形式有多层陶瓷双列直插式 DIP、单层陶瓷双列直插式 DIP 和引线框架式 DIP(含玻璃陶瓷封接式、塑料包封结构式、陶瓷低熔玻璃封装式)等。

图 1-1　双列直插式封装(DIP)

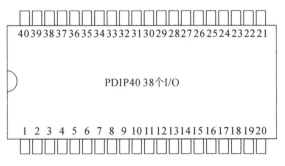

图 1-2　双列直插式封装(DIP)引脚分布

2. 薄型四方扁平式封装

采用薄型四方扁平式(low-profile quad flat package,LQFP)封装的集成电路芯片引脚之间的距离很小且引脚很细,如图 1-3 所示。LQFP 封装的引脚按逆时针顺序排列,芯片的第一个引脚位于如图 1-4 所示的位置。

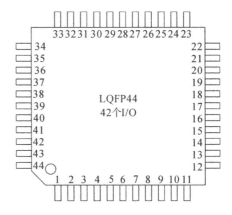

图 1-3　薄型四方扁平式封装(LQFP)　　图 1-4　薄型四方扁平式封装(LQFP)引脚分布

一般情况下,大规模或超大规模集成电路采用 LQFP 的封装形式,其引脚数一般都在 100 以上。采用该技术封装的集成电路操作方便,可靠性高;而且其封装外形尺寸较小,寄生参数较小,适合于高频应用。该技术主要适用于采用表面贴装技术(surface mount technology,SMT)在印刷电路板上装配和布线。

3. 小外形封装

小外形封装(small out-line package,SOP)是一种很常见的元器件形式,为表面贴装型封装的常用形式之一。引脚从封装两侧引出,呈海鸥翼状(L 形),如图 1-5 所示。SOP 封装的引脚按逆时针顺序排列,芯片的第一个引脚位于如图 1-6 所示的位置。

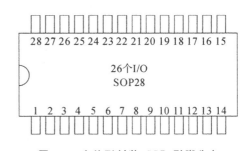

图 1-5　小外形(SOP)封装　　图 1-6　小外形封装(SOP)引脚分布

4. 薄的缩小型小外形封装

薄的缩小型小外形(thin shrink small outline package,TSSOP)封装,比 SOP 封装更薄,引脚更密,封装尺寸更小,如图 1-7 所示。典型的 TSSOP 封装有 TSSOP8、TSSOF20、TSSOP24、TSSOP28 等。

5. 方形扁平无引脚封装

方形扁平无引脚(quad flat no-lead,QFN)封装,为表面贴装型封装的常用形式之一。现在多称为 LCC,如图 1-8 所示。QFN 封装的引脚按逆时针顺序排列,芯片的第一个引脚位于如图 1-9 所示的位置。

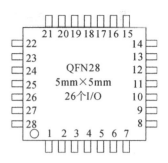

图 1-7 薄的缩小型小外形　　　图 1-8 方形扁平无引脚　　　图 1-9 方形扁平无引脚
　　　　(TSSOP)封装　　　　　　　　　(QFN)封装　　　　　　　(QFN)封装引脚分布

该封装四侧配置有电极触点,由于无引脚,贴装占有面积比 QFP 小,高度比 QFP 低。但是,当印刷基板与封装之间产生应力时,在电极接触处就不能得到缓解。因此电极触点难以做到 QFP 封装那样多的引脚,其数量一般为 14～100。其材料有陶瓷和塑料两种。塑料QFN 是以玻璃环氧树脂为印刷基板基材的一种低成本封装。

1.2　STC 单片机开发流程

作为设计者(或者称为用户),其开发任务是将 STC 提供的某个具体型号单片机芯片用于实现某个特定的应用需求。

◆ 1.2.1　硬件设计流程

传统上,硬件是用来实现特定应用需求的"物理载体",这个"物理载体"的实现过程如图 1-10所示。各步骤的具体实现方法分别介绍如下。

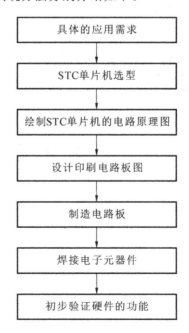

图 1-10　STC 单片机硬件设计流程

1.具体的应用需求

整个设计的核心问题就是首先明确具体的应用需求,包括以下几个方面。

(1)明确所设计的系统与其他系统接口的电气规范和机械规范。

(2)明确设计所需要的总成本,包括完成设计需要的人员分配、时间进度、资金计划等。

(3)列出系统的硬件模块划分,以及明确需要的软件开发工具。

2.STC 单片机选型

明确了 STC 单片机能满足的应用需求之后,就需要从 STC 提供的不同系列单片机中选择一款单片机,选型的原则包括以下几点。

(1)在产品交付后,是否需要修改设计,即将来是否需要使用应用在线编程(IAP)的产品升级方法。

(2)在设计阶段对系统进行调试和仿真时所需要的调试和仿真环境。

(3)单片机的价格成本。

(4)单片机的工作环境要求。

(5)单片机的封装形式。

(6)单片机的工作频率。

(7)单片机内的程序存储器容量。

(8)单片机的片内 RAM 容量。

(9)在满足上述要求的前提下,优先选用片内外设资源丰富的单片机。

3.电路原理图和 PCB 图的绘制

在绘制电路原理图和 PCB 图时,遵循下面的原则。

(1)选择设计者熟悉的电路原理图和 PCB 图绘制工具。

(2)检查元件库是否已经提供所需要元器件的原理和 PCB 封装,如果没有,则需要设计者自己绘制所需元器件的电路原理图和 PCB 封装。

(3)设置绘制电路原理图的参数和电气规则。

(4)根据所使用芯片的数据手册,完成电路原理图的绘制。

(5)在绘制完电路原理图后,检查电路原理图的设计是否存在缺陷。

(6)将电路原理图导入 PCB 设计工具中。

(7)设置绘制 PCB 图的参数和电气规则。

(8)按照设计规则的要求,完成 PCB 图的绘制。

(9)在绘制完 PCB 图后,检查 PCB 图的设计。

(10)生成光绘文件。

4.印刷电路板的制造

当生成光绘文件后,选择 PCB 制板厂商,提供制板的要求,如有无阻抗控制要求、PCB板的颜色、对过孔的处理方法等。

5.电子元器件的焊接

当设计者拿到成品 PCB 板后,可以根据焊接工艺的要求将所用到的电子元器件焊接到PCB 板上,或者将 PCB 板和电子元器件交给专业的焊接工厂进行焊接。在焊接完成后,要确保不存在任何焊接缺陷,包括短路和虚焊等。

6. 硬件功能的初步验证

当设计者拿到焊接后的 PCB 板时,可以在 PCB 板上运行一些测试文件,以确保硬件没有设计缺陷和制作缺陷。然后,就可以将其交给软件开发人员进行进一步的开发。必要时,硬件设计人员还需要配合软件设计人员进行调试。

◆ **1.2.2 软件设计流程**

图 1-11 给出了软件的设计流程。在基于 STC 单片机的软件设计过程中,从应用的角度来说,其任务包含如下两个方面。

(1) 编写驱动程序对硬件系统进行驱动,使其能正常工作。

(2) 编写应用程序,使得整个系统能满足应用要求。

从本质上来说,不管编写什么类型的应用程序,以及使用什么语言开发,最终都要经过软件变成可执行的机器代码,然后转换成存储器格式的文件烧写到存储器中。因此,从这个角度来说,所谓的软件,实质就是在存储器不同位置所保存的 0 和 1 的比特流而已。

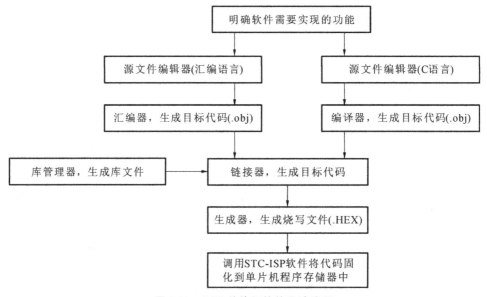

图 1-11 STC 单片机软件设计流程

软件程序的设计流程包含以下几个步骤。

1. 明确软件需要实现的功能

对于程序设计人员来说,需要完成下面的工作。

(1) 了解所提供硬件的性能。

(2) 了解 STC 单片机的软件开发环境 Keil μVision。

(3) 设计软件的数据流图和程序流图。

(4) 明确程序的概要设计和详细设计方案。

2. C 代码和汇编语言代码的编写

通过 Keil μVision 软件提供的 C 语言编辑器和汇编语言编辑器,完成软件代码的输入。软件代码是在程序设计中与 C 语言或汇编语言有关的其他文件类型,如 .h 头文件、.c 文件和 .s 汇编文件等。

3. 使用编译器或汇编器对 C 代码/汇编代码进行编译

（1）对于 C 代码，软件调用 Keil μVision 提供的编译器对输入代码进行编译。编译器从 C 文件中产生目标文件.obj。目标文件可能被添加到库中或者可能与其他文件链接到一起。

（2）对于汇编代码，软件调用 Keil μVision 提供的汇编器对代码进行编译。汇编器的本质是一个程序，将助记符代码（汇编语言）翻译成可执行的目标代码。该目标代码可以运行在 8051 兼容的微控制器上。

目标代码是一个特殊格式的二进制文件，包含段的定义、二进制内容和调试信息等。

4. 使用库管理器生成库文件

当设计中需要使用库时，软件调用库管理器，允许创建一个库，或者添加目标文件到库中，或者从库文件中删除目标文件。

5. 使用链接器生成绝对目标模块文件

软件调用 Keil μVision 提供的链接器/定位器，通过将前面 C 编译器和汇编语言编译器创建的目标模块链接在一起来创建一个绝对目标模块。前面编译器所创建的这些目标模块是可以重新定位的，但不可以直接运行（即使只有一个源模块构成）。这些目标文件必须通过链接器链接在一起，并且转换成一个绝对目标文件。

> **注意：**
> 在 Keil μVision 完成编译和链接，生成目标文件后，会生成以下文件。
> （1）.lst：对应文件在编译器中的行号，占用的代码空间等。
> （2）.lnp：对应项目包含了什么文件，生成什么文件等信息。
> （3）无后缀文件：该文件是最终生成的文件。
> （4）.obj：编译器生成的目标文件。
> （5）.m51：该文件很重要，可以用文本编辑器打开。当软件设计中出现问题时，必须通过这个文件才能分析软件设计中的一些问题，如覆盖分析、混合编程时查看函数段名等。该文件中都是链接器的连接信息，如有哪些代码段、数据段，其大小分别是多少，被定位到单片机哪个地址中了，哪个函数调用了哪个函数，没有调用哪个函数，工程代码总大小，内存使用总大小等。

6. 使用转换器将绝对目标文件转换成十六进制文件

软件调用 Keil μVision 提供的工具，将链接器创建的绝对目标文件转换成 Intel 格式的十六进制文件.HEX。

7. 使用 STC-ISP 软件将十六进制文件固化到 STC 单片机中

当上面的硬件和软件设计流程结束后，通过 STC 提供的 USB 转串口下载电缆（也就是通常所说的 ISP 下载电缆），以及 STC 提供的 STC-ISP 软件将 HEX 文件下载到设计者所选型号单片机的程序存储器中。

1.3 单片机应用开发语言

1.3.1 C51 语言简介

C51 语言是由标准 C 语言发展而来的一种专门用于 MCS-51 单片机程序开发的高级程

序设计语言。如果说标准 C 语言开发出的程序是面向通用计算机平台的,那么 C51 语言开发的程序则是专门面向单片机的。C51 语言具有标准 C 语言结构清晰的优点,同时又具有单片机汇编语言的硬件操作能力。

C51 语言是一种结构化程序设计语言,其语法结构和标准 C 语言基本一致,提供了完备的数据类型、运算符及函数供开发者使用。由于 C51 语言编译器的不断优化改进,其代码的执行效率与单片机汇编语言的执行效率十分接近,而其又比汇编语言更容易被人理解,因此 C51 语言逐渐成为 MCS-51 单片机程序开发的主流语言。

1.3.2 C51 基本数据类型

具有一定格式的数字或数值称为数据,数据的不同格式称为数据类型,任何程序设计都离不开对数据的处理。

C51 的数据类型有位型(bit)、无符号字符型(unsigned char)、有符号字符型(signed char)、无符号整型(unsigned int)、有符号整型(signed int)、无符号短整型(unsigned short int)、有符号短整型(signed short int)、无符号长整型(unsigned long int)、有符号长整型(signed long int)、浮点型(float),双精度浮点型(double)和指针类型等,其中 short 与 long 属整型数据,float 与 double 属浮点型数据。

当程序中出现表达式或变量赋值运算时,若运算对象的数据类型不一致,数据类型可以自动进行转换,转换按以下优先级别自动进行。

- bit→char→int→long→float
- unsigned→signed

1. 常量

在程序中,其值不能改变的量称为常量。

(1) 整型常量:可以表示为十进制,如 123、0、-8 等;十六进制则要以 0x 开头,如 0x34;长整型需要在数字后面加字母 L,如 10L、0xF340L 等。

(2) 浮点型常量:分为十进制和指数表示形式。

- 十进制由数字和小数点组成,如 0.888、3345.345、0.0 等。整数或小数部分为 0 时可以省略 0 但必须有小数点。

- 指数表示形式为[±]数字[.数字]e[±]数字。其中,[]中的内容为可选项,其中的内容根据具体情况可有可无,但其余部分必须有,如 123e3、5e6、-1.0e-3 等,而 e3、5e4.0 则是非法的表示形式。

(3) 字符型常量是单引号内的字符,如'a'、'd'等。

(4) 字符串型常量由双引号内的字符组成,如"hello"、"english"等。当引号内没有字符时,为空字符串。

(5) 符号常量:用标识符代表的常量称为符号常量。例如,在指令"♯ define PI 3.1415926"中,符号常量 PI 即代表圆周率 3.1415926。

2. 变量

在程序运行中,其值可以改变的量称为变量。

一个变量主要由两部分构成:变量名和变量值。每个变量都有一个变量名,在内存中占据一定的存储单元,并在该内存单元中存放该变量的值。

1）变量的类型

C51 支持的变量通常有如下类型。

（1）位变量（bit）：其值可以是 1（true）或 0（false）。与单片机硬件特性操作有关的位变量必须定位在单片机片内存储区（RAM）的可位寻址空间中。

（2）字符变量（char）：其长度为 1B（byte），即 8 位。C51 编译器默认的字符型变量为无符号型（unsigned char）。负数在其中存储时一般用补码表示。

（3）整型变量（int）：其长度为 16 位。

（4）长整型变量（long int）：其长度为 4B（byte），其他方面与整型变量（int）相似。

（5）浮点型变量（float）：其长度为 4B（byte），许多复杂的数学表达式都采用浮点变量数据类型。它用符号位表示数的符号，用阶码和尾数表示数的大小，用它们进行任何数学运算时都需要使用由编译器决定的各种不同效率等级的库函数。

在编程时，为了书写方便，经常使用简化的缩写形式来定义变量的数据类型。其方法是在源程序开头使用 ♯define 语句。例如：

```
♯define uchar unsigned char
♯define uint unsigned int
```

此后，uchar 就代表 unsigned char，uint 则代表 unsigned int。

2）特殊功能寄存器的 C51 定义

MCS-51 系列单片机的内部寄存器的高 128B 为专用寄存器区，其中 51 子系列有 21 个（52 子系列有 26 个）特殊功能寄存器（SFR），它们离散的分布在这个区中，分别用于 CPU、并口、串口、中断系统、定时器、计数器等功能单元及控制和状态寄存器。

对 SFR 的操作，只能采用直接寻址方式。为了能直接访问这些特殊功能寄存器，C51 扩充了两个关键字 sfr、sfr16，可以直接对单片机的特殊寄存器进行定义，这种定义方法与标准 C 语言不兼容，只适用于对 MCS-51 系列单片机的 C51 编程。其定义方法如下。

```
sfr 特殊功能寄存器名= 特殊功能寄存器地址常数;
sfr16 特殊功能寄存器名= 特殊功能寄存器地址常数;
```

对于片内 I/O 口，定义方法如下。

```
sfr  P1=0x90; //定义 P1 口,地址为 90H
sfr  P2=0xA0; //定义 P2 口,地址为 A0H
```

sfr 后面是一个要定义的名字，要符合标识符的命名规则，名字最好有一定的含义。等号后面必须是常数，不允许有带运算符的表达式，而且该常数必须在特殊功能寄存器地址范围之内（80H～FFH）。

sfr 用来定义 8 位的特殊功能寄存器，sfr16 用来定义 16 位特殊功能寄存器。例如，52 子系列中的 T2 定时器，可以定义为：

```
sfr16 T2=0xCC    //定义 8052 定时器 2,地址为 T2L=0xCC,T2H=0xCD
```

用 sfr16 定义 16 位特殊功能寄存器时，等号后面是它的低位地址，高位地址定位于物理低位地址之上。需要注意的是，sfr16 不能用于定时器 0 和 1 的定义。

对于需要单独访问 SFR 中的位，C51 的扩充关键字 sbit 可以访问位寻址对象。sbit 定义某些特殊位，并接受任何符号名，"＝"号后将绝对地址赋给变量名，如"sbit P1_1＝0x91"。这样是把位的绝对地址赋给位变量，与 sfr 一样，sbit 的位地址必须位于 80H～FFH 之间。

3）位变量

C51提供关键字bit，实现位变量的定义及访问。

```
bit  flag;//将flag定义为位变量
bit  value_state;//将value_state定义为位变量
```

通常C51编译器会将位变量分配在位寻址区的某一位。定义位变量时应注意以下问题。

（1）位变量不能定义成一个指针。例如，不能定义"bit * p;"。

（2）不能定义位数组。例如，不能定义"bit array[2];"。

（3）bit与sbit不同。bit不能指定位变量的绝对地址，当需要指定位变量的绝对地址（范围必须在0x80~0xFF）时，需要使用sbit来定义。

4）自定义变量类型typedef

通常定义变量的数据类型时都是使用标准的关键字，方便他人阅读程序，但是用typedef可以定义用户自己的变量，从而方便程序的移植，并简化较长的数据类型定义。

◆ 1.3.3 运算符与表达式

1. 赋值运算

利用赋值运算符(＝)将一个变量与一个表达式连接起来的式子就是赋值表达式，在表达式后面加";"便构成了赋值语句。使用"＝"的赋值语句格式如下。

```
变量=表达式;
```

例如：

```
a=0x10;       //将十六进制数 10 赋予变量 a
b=c=3;        //同时将 3 赋值给变量 b 和 c
d=e;          //将变量 e 的值赋给变量 d
f=d-e;        //将变量 d 与变量 e 的差值赋给变量 f
```

赋值语句的意义就是先计算出"＝"右边表达式的值，然后将得到的值赋给左边的变量，而且右边的表达式也可以是一个赋值表达式。

2. 算术运算

1）算术运算符及算术表达式

C51中的算术运算符有如下几个，其中只有取正值和取负值运算符是单目运算符，其他则都是双目运算符。

- ＋为加法运算符，或为正值符号。
- －为减法运算符，或为负值符号。
- ＊为乘法运算符。
- /为除法运算符。
- ％为取模（或称为求余）运算符。例如，5％3的结果是5除以3所得的余数2。

用算术运算符和括号将运算对象连接起来的式子称为算术表达式，运算对象包括常量、变量、函数、数组和结构体等。算术表达式的形式为：

表达式 1 算术运算符 表达式 2

例如：a＋b,(x＋4) /(y－b)。

2）算术运算的优先级与结合性

算术运算符的优先级规定为:先乘除模,后加减,括号最优先。乘、除、取模运算符的优先级相同,并高于加减运算符。括号中的内容的优先级最高。

a+b*c;   //乘号的优先级高于加号,故先运算 b*c,所得的结果再与 a 相加

(a+b)*(c-d)-6;   //括号的优先级最高,*次之,减号优先级最低,故先运算(a+b)和

//(c-d),然后将两者的结果相乘,最后再与 6 相减

算术运算的结合性规定为自左至右方向,称为"左结合性",即当一个运算对象两边的算术运算符优先级相同时,运算对象先与左边的运算符结合。

a+b-c;   //b 两边是"+"、"-"运算符,优先级相同,按左结合性,优先执行 a+b 再减 c

3. 关系运算

1）关系运算符

- <:小于。
- >:大于。
- <=:小于或等于。
- >=:大于或等于。
- ==:等于。
- !=:不等于。

关系运算符同样有优先级别。其中,前四个关系运算符具有相同的优先级,后两个关系运算符也具有相同的优先级,但是前四个关系运算符的优先级要高于后两个关系运算符。

关系运算符的结合性为左结合。

2）关系表达式

关系表达式就是用关系运算符连接起来的两个表达式。关系表达式通常用来判断某个条件是否满足。需要注意的是,关系运算符的运算结果只有 1 和 0 两种,也就是逻辑的真与假。当指定的条件满足时,结果为 1(真);条件不满足时,结果为 0(假)。关系表达式的结构如下:

表达式 1   关系运算符   表达式 2

例如:

a>b;//若 a 大于 b,则表达式的值为 1(真)

b+c<a;//若 a=3,b=4,c=5,则表达式的值为 0(假)

(a>b)==c;//若 a=3,b=2,c=1,则表达式的值为 1(真)。因为 a>b 的值为 1,等于 c 的值

c==5>a>b;//若 a=3,b=2,c=1,则表达式的值为 0(假)

4. 逻辑运算

关系运算符反映了两个表达式之间的大小或等于关系,逻辑运算符则用于求条件式的逻辑值,用逻辑运算符将关系表达式或逻辑量连接起来就是逻辑表达式了。C51 提供了如下三种逻辑运算。

- 逻辑与:&&。
- 逻辑或:‖。
- 逻辑非:!。

逻辑表达式的一般形式为:

逻辑与:条件式 1 && 条件式 2。

逻辑或:条件式 1 ‖ 条件式 2。

逻辑非:！条件式。

逻辑表达式的结合性为自左向右。逻辑表达式的值应该是一个逻辑值"真"或"假"，1代表真，0代表假。逻辑表达式的运算结果不是 0 就是 1，不可能是其他值。

5. 位运算

用 C51 语言编写程序直接面向的是单片机，针对单片机的位处理能力，C51 提供了位操作指令。C51 共有 6 种位运算符，具体如下。

- &：按位与。
- |：按位或。
- ^：按位异或。
- ~：按位取反。
- <<：位左移。
- >>：位右移。

位运算符的作用是按位对变量进行运算，但是并不改变参与运算的变量的值。如果要求按位改变变量的值，则要利用相应的赋值运算。

> **注意：**
> 位运算符不能对浮点型数据进行操作。

位运算的表达形式如下。

变量 1　位运算符　变量 2

"位取反"运算符"~"是对一个二进制数按位进行取反，即 0 变 1，1 变 0。

位左移运算符"<<"和位右移运算符">>"用于将一个数的各二进制位全部左移或右移若干位，移位后，空白位补 0，而溢出的位舍弃。移位运算并不能改变原变量本身。

6. 自增减运算及复合运算

1）自增减运算符

C51 提供自增运算符"++"和自减运算符"−−"，使变量值自动加 1 或减 1。

自增运算和自减运算只能用于变量而不能用于常量表达式。

> **注意：**
> "++"和"−−"的结合方向是"自右向左"。

例如：

```
++i;     //在使用 i 之前,先使 i 的值加 1
--i;     //在使用 i 之前,先使 i 的值减 1
i++;     //在使用 i 之后,再使 i 的值加 1
i--;     //在使用 i 之后,再使 i 的值减 1
```

2）复合赋值运算符

复合赋值运算符就是在赋值运算符"="的前面加上其他运算符。

C51 语言中的复合赋值运算符如下。

+=　加法赋值　　　　　　　　　>>=　右移位赋值

— ＝	减法赋值	&＝	逻辑与赋值
＊＝	乘法赋值	│＝	逻辑或赋值
/＝	除法赋值	^＝	逻辑异或赋值
%＝	取模赋值	～＝	逻辑非赋值
<<＝	左移位赋值		

复合运算的一般形式为：变量 复合赋值运算符 表达式。例如：

a＋=3 等价于 a＝a＋3

b/＝a＋5 等价于 b＝b/（a＋5）

7. 条件运算符

C51 语言中有一个三目运算符，它就是条件运算符"?:"，它可以把三个表达式连起来构成一个条件表达式。条件表达式的一般形式如下。

逻辑表达式？表达式 1：表达式 2

条件运算符的作用简单来说就是根据逻辑表达式的值选择使用表达式的值。当逻辑表达式的值为真（非 0 值）时，整个表达式的值为表达式 1 的值；当逻辑表达式的值为假（值为 0）时，整个表达式的值为表达式 2 的值。

例如，若有 a＝2，b＝3，要求取 a、b 两数中的较大的值放入 c 变量中，用条件运算符来构成条件表达式只需要一个语句："c＝（a＞b）? a:b"。

8. 逗号运算符

可以用逗号将两个或多个表达式连接起来，形成逗号表达式。逗号表达式的一般形式为：

表达式 1，表达式 2，表达式 3，…，表达式 n

用逗号运算符组成的表达式在程序运行时，是从左到右计算出各个表达式的值，而整个用逗号运算符组成的表达式的值等于最右边表达式的值，也就是"表达式 n"的值。在实际应用中，大部分情况下，使用逗号表达式的目的只是为了分别得到各个表达式的值，而并不一定要得到和使用整个逗号表达式的值。

> **注意：**
> 并不是在程序的任何位置出现的逗号，都可以认为是逗号运算符。例如，函数中的参数，在参数之间的逗号只是用来间隔之用，而不可以认为是逗号运算符。

1.3.4 程序结构与程序语句

1. 程序的基本结构与语句

C51 书写的程序与 C 语言一样，也属于面向过程的程序设计。面向过程的程序设计，在程序的流程描述中，有三种基本结构，即顺序结构、选择结构和循环结构。

（1）顺序结构：程序按语句的顺序逐条执行。

（2）选择结构：程序根据条件来选择相应的执行分支。

（3）循环结构：程序会根据某条件的存在而重复执行一段程序，直至这个条件不再存在（满足）为止；如果这个条件始终存在，就构成了死循环。

C51 程序一般都是由顺序、选择、循环这三种基本结构，根据编程算法流程的实际需要，有机结合而成的。要想保证程序能够按照编程者设计好的流程执行,就需要使用以下五大类语句来对程序进行控制。

1)控制语句

(1) if-else:条件语句。

(2) for:循环语句。

(3) while:循环语句。

(4) do-while:循环语句。

(5) continue:结束本次循环,开始下次循环。

(6) break:终止执行循环。

(7) switch:多分支选择语句。

(8) goto:跳转语句。

(9) return:从函数返回语句。

2)函数调用语句

函数调用语句用于调用已经定义过的函数,以完成一定的功能,如延时函数。

3)表达式语句

在表达式的后面添加分号,就构成了表达式语句,例如:

```
c= a+b;
```

4)空语句

空语句什么也不做,只是消耗若干个机器周期,常用于延时等待。

5)复合语句

用花括号"{}"将若干单独语句包括起来,就构成了复合语句,例如:

```
{
  c=a+b;
  f=c+d;
  m=f+5;
}
```

2. 常用重要语句说明

1)构造选择结构的语句

前面提到的 if-else 语句和 switch 语句,都能构成选择结构,下面详细进行说明。

(1) if-else 语句。if-else 语句的格式如下。

```
if(表达式)
  语句 1(或语句块 1)
else
  语句 2(或语句块 2)
```

有时,根据实际需要,可以对这种结构进行简化,即只有 if 分支,没有 else 分支,格式如下。

```
if (表达式)
  语句(或语句块)
```

有时,由于实际情况的需要,会有很多可供选择的分支,需要多次使用分支结构,这时可以使用嵌套,格式如下。

```
if (表达式 1)
    语句 1(或语句块 1)
else
if (表达式 2)
    语句 2(或语句块 2)
else
if (表达式 3)
    语句 3(或语句块 3)
…
else
    语句 n(或语句块 n)
```

（2）switch 语句。当 if-else 语句多次嵌套时，可以处理多分支的情况，而 switch 语句本身就是一种多路分支结构，格式如下。

```
switch(表达式)
{
    case 常量表达式 1:
    语句 1;
    break;
    case 常量表达式 2:
    语句 2;
    break;
    …
    case 常量表达式 n:
    语句 n;
    break;
    default:
    语句 n+ 1;
}
```

2）构造循环结构的语句

前面提到的 for、while、do-while 均可构建循环结构。

（1）for 循环，其格式为：

```
for(表达式 1;表达式 2;表达式 3)
    语句或语句块
```

其中：表达式 1 为初始化表达式；表达式 2 为条件表达式；表达式 3 为增量表达式；语句或语句块也称为循环体。例如：

```
for (i=1;i<100;i++)
    sum+=i;
```

C51 中的 for 语句使用很灵活，不仅可以用于循环次数已经确定的情况，而且可以用于循环次数不确定而只给出循环结束条件的情况。

（2）while 循环，其格式为：

```
while(表达式)
    语句或语句块
```

其中,语句或语句块也称为循环体。例如:

```
while(i<=100)
{
  sum+=i;
  i++;
}
```

while 语句用来实现"当型"循环,当表达式为非 0 值时,执行 while 语句中的内嵌语句。其特点是先判断表达式,后执行语句。

（3）do-while 循环,其格式为:

```
do{
  语句或语句块
}while(表达式);
```

其中,语句或语句块也称为循环体。例如:

```
do
{
  sum+=i;
  i++;
}while(i<=100);
```

while 语句用来实现"直到型"循环,首先执行一次指定的循环体语句,然后判别表达式,当表达式的值为非 0("真")时,返回重新执行循环体语句,如此反复,直到表达式的值等于 0 为止,此时循环结束。其特点是先执行循环体,然后判断循环条件是否成立。

while 语句和用 do-while 语句的比较:一般情况下,用 while 语句和用 do-while 语句处理同一问题时,若二者的循环体部分是一样的,它们的结果也一样;但是如果 while 后面的表达式一开始就为假(即 0 值)时,两种循环的结果是不同的。

> **注意:**
> 上述三种不同的循环构建方式,在一定条件下,是可以相互转化的,也就是说,无论用哪种语句描述程序,都是等价的。

3) goto 语句

goto 语句是无条件转移语句。使用 goto 语句时要慎重,它的使用会破坏程序的模块化结构,使程序的可读性变差,不利于程序的理解与维护,因此一般不建议使用该语句。

1.3.5 数组

数组是一组具有相同数据类型的数据的有序集合。

1. 一维数组

1）一维数组的定义

一维数组的定义格式为:

类型说明符 数组名[常量表达式];

例如:

```
int  a[10];
```

它表示定义了一个整型数组,数组名为 a,此数组有 10 个元素。

说　　明

(1) 数组名命名规则和变量名相同,遵循标识符命名规则。

(2) 定义数组时,需要指定数组中元素的个数,方括号中的常量表达式用来表示元素的个数,即数组长度。例如,指定 a[10],表示 a 数组有 10 个元素,注意下标是从 0 开始的,这 10 个元素是 a[0]、a[1]、a[2]、a[3]、a[4]、a[5]、a[6]、a[7]、a[8]、a[9]。需要注意的是,按上面的定义,不存在数组元素 a[10]。

(3) 常量表达式中可以包括数值常量和符号常量,但不能包含变量,也就是说,C51 不允许对数组的大小做动态定义,即数组的大小不依赖于程序运行过程中变量的值。

2) 一维数组元素的引用

一维数组的元素引用方式如下。

数组名[下标]

下标可以是整型常量或整型表达式。例如:

a[0]=a[4]+a[9]-a[2*8]

> **注意:**
> 定义数组时用到的"数组名[常量表达式]"和引用数组元素时用到的"数组名[下标]"是有区别的。例如:

```
int   a[10]//定义 int 型数组,长度为 10
m=a[5];//引用数组中序号为 5 的元素
```

3) 一维数组的初始化

(1) 在定义数组时对数组元素赋初值。

其方法是将数组元素的初值依次放在一对花括号内,例如:

```
int a[10]={0,1,2,3,4,5,6,7,8,9};
```

(2) 也可以只给一部分元素赋值。例如:

```
int a[10]={0,1,2,3,4};
```

定义数组 a 有 10 个元素,但花括号内只有 5 个初值,这表示只给前面 5 个元素赋初值,后面的 5 个元素的初值为 0。

(3) 若希望使一个数组中全部元素值为 0,可以写成如下形式:

```
int   a[10]={0,0,0,0,0,0,0,0,0,0}
```

或

```
int a[10]={0};
```

(4) 在对数组的全体元素赋初值时,因为每个元素的初值已经确定,所以可以不指定数组长度。例如:

```
int a[5]={1,2,3,4,5};
```

可以简化写为:

```
int a[]={1,2,3,4,5};
```

> **注意:**
> 如果在定义一维数组时不进行初始化,则数组中各元素的值是不可预料的。

2. 二维数组

1）二维数组的定义

二维数组的定义格式为：

类型说明符　数组名[常量表达式][常量表达式]；

例如：

int a[3][4],b[5][8];

它表示定义了两个 int 型数组，其中 a 为 3×4(3 行 4 列)的数组，b 为 5×8(5 行 8 列)的数组。

可以把二维数组看成一种特殊的一维数组，它的元素又是一个维数组。

2）二维数组元素的引用

二维数组的元素引用方式如下：

数组名[下标][下标]

例如：

a[5][6]

下标也可以是整型表达式，例如：

a[3-1][2*3-1]

在使用二维数组的元素时，应该时刻注意下标值应在已定义的数组大小的范围内。

3）二维数组的初始化

（1）分行给二维数组赋初值。例如：

int a[3][4]={{1,2,3,4},{5,6,7,8},{9,10,11,12}}

（2）可以将所有数据写在一个花括号内，按数组排列的顺序对各元素赋初值。例如：

int a[3][4]={1,2,3,4,5,6,7,8,9,10,11,12};

（3）可以对部分元素赋初值。例如：

int a[3][4]={{1},{5},{9}};

也可以对各行中的某一元素赋初值，例如：

int a[3][4]={{1},{0,6},{0,0,11}};

（4）如果对全部元素都赋初值，则定义数组时对第一维的长度可以不指定，但第二维的长度不能省略，例如：

int a[3][4]={1,2,3,4,5,6,7,8,9,10,11,12};

它等价于

int a[][4]={1,2,3,4,5,6,7,8,9,10,11,12};

在定义时也可以只对部分元素赋初值而省略第一维的长度，但应分行赋初值。例如：

int a[][4]={{0,0,3},{},{0,10}};

注意：

如果在定义二维数组时不进行初始化，则数组中各元素的值是不可预料的。

3. 字符数组

用来存放字符数据的数组是字符数组，字符数组中的一个元素存放一个字符。

1）字符数组的定义

字符数组的定义方法与前面介绍的类似。例如：

```
char  c[10];
```

2）字符数组元素的引用

例如：

```
c[6];
```

3）字符数组的初始化

对字符数组初始化，最基本的方式是逐个赋值数组中的各元素。例如：

```
char  c[10]={'A','B','C','D','E','F','G','H','I','J'};
```

也可以使用字符串的形式来对字符数组赋初值。例如：

```
char  c[10]={"ABCDEFGHIJ"};
```

或写成：

```
char c[]={"ABCDEFGHIJ"};
```

又或者写成：

```
char  c[]="ABCDEFGHIJ";
```

> **注意：**
>
> （1）如果在定义字符数组时不进行初始化，则数组中各元素的值是不可预料的。
>
> （2）字符串是以'\0'作为结束标志的，当把一个字符串存入数组时，也同时把结束标志'\0'存入了数组。

1.3.6 指针

单片机内存区（RAM）的每一个字节都有一个编号，这就是"地址"。如果在程序中定义了一个变量，在对程序进行编译时，系统就会给这个变量分配内存单元。一个变量的"指针"就是它的"地址"，通过变量的地址可以找到它在 RAM 中的存储位置（可能占用 1 个字节，可能占用多个字节），从而得到变量的值。

1. 指针变量

既然已经知道一个变量的"指针"就是它的"地址"，那么指针变量是什么呢？指针变量就是存放"指针"的变量，即存放"地址"的变量。前面所提及的变量，有的存放整数，有的存放浮点数，有的存放字符，而指针变量专门用来存放"指针"。显然，指针变量是一种特殊的变量。

2. 定义指针变量

指针变量与其他类型变量一样，使用前要先定义。

定义指针变量的一般形式为：

基类型 ＊ 指针变量名；

其中，＊表示该变量为指针变量，例如：

```
float*p;//p是指向 float 型变量的指针变量
char*p;//p是指向字符型变量的指针变量
```

上述两个定义中，指针变量名都为 p，但一个是指向 float 型的指针，另一个是指向 char 型的指针。可见，在定义指针变量时，明确其基类型是十分重要的，基类型限定了被定义的指针只能指向那种类型的变量，而不能指向其他类型的变量。

3. 指针变量的赋值与引用

指针变量既然是用来存放指针(地址)的,那么给它赋值的时候,就需要赋给一个地址值。实际上,指针变量中只能存放地址,不要将一个整数或任何其他非地址类型的数据赋给一个指针变量。

指针变量赋值的过程要使用取地址运算符(&),例如:

```
int a,b;//定义两个整型变量 a 和 b
int*p1,*p2;//定义两个整型指针变量 p1 和 p2
a=100;//给整型变量 a 赋值 100
b=90;//给整型变量 b 赋值 90
p1=&a;//p1 指向整型变量 a
p2=&b;//p2 指向整型变量 b
```

如何通过指针变量的值,来获得该指针所指向的变量的值呢?这里需要用到指针运算符(*)。接着前面的例子,如果有以下语句:

```
x=*p1;
y=*p2;
```

那么,x 和 y 的值分别为 100 和 90。

指针运算符(*)的作用:通过指针(地址),找到该地址所标识的存储单元所存放的数值。

◆ 1.3.7 函数与变量的作用域

C51 的程序一般由一个主函数 main() 和若干个其他函数构成(如果程序实现功能简单,有时有一个主函数 main())。主函数可以调用其他函数,其他函数之间也可以互相调用,但是其他函数不能调用主函数。

C51 中函数的一般形式为:

```
返回值类型    函数名(参数 1,参数 2,…)
{
   语句或语句块
}
```

说　明

(1)返回值类型:规定了如果函数有返回值,返回什么类型的数据。返回值只有一个或者没有。如果无返回值则此处书写 void 或什么也不写。如果有返回值,则应注意调用者与被调用者在返回值方面约定的数据类型的一致性。

(2)函数名:与变量名一样,其作用就是命名,这样才便于区分不同的函数,函数名最好能反映该函数的功能。

(3)参数:是指在函数调用时,调用者向被调用者传递数据的通道,参数可以有多个,也可以没有。如果没有参数,此处书写 void 或什么也不写。如果有一个或多个参数,则要写明每个参数的数据类型,在函数调用时,调用者向被调用者传递参数,数据类型必须对应,要避免发生数据类型不一致的情况。

(4)函数体由花括号里的语句或语句块构成。

1. 主函数

主函数是编程者编写的函数,任何一个 C 程序都必须有且仅有一个主函数,主函数是整个程序开始执行的入口。

通常来说,主函数可以没有返回值及参数,其一般形式如下。

```
void  main(void)
{
  …
}
```

也可以简化为:

```
main()
{
  …
}
```

2. 其他函数

程序中除主函数外的任何函数都称为其他函数,有的资料中也将被主函数调用的函数称为子函数。

其他函数主要包括标准库函数和编程者自定义函数。

1) 标准库函数

单片机应用系统的集成开发环境(如 Keil)会提供一些函数库。所谓函数库,就是若干函数的集合,其表现形式为程序文件。函数库中的函数称为标准库函数。函数库有效简化了编程过程,编程者在编程时需实现某种功能,如果在函数库中恰好有相应的函数,则可以直接使用该函数。如果在程序中要使用标准库函数,就要在程序开头书写相应的文件包含处理命令,如♯include "math.h"。这样,在编译时,就能读入一个包含该标准库函数的头文件。

2) 自定义函数

自定义函数是由编程者自行编写的,若要在程序中使用自定义函数,一定要注意函数的声明,以及传递参数时的参数数据类型。

(1) 无参数、无返回值的情况,其函数调用举例如下。

```
void  delay(void)//延时函数
{
  …
}
void  main(void)//主函数
{
  …
  delay();//调用延时函数
  …
}
```

(2) 有参数、有返回值的情况,其函数调用举例如下。

```
int max(int m,int n)//求最大值函数
{
  …
}
```

```
void main(void) // 主函数
{
    int M; // 定义 int 型变量 M
    ...
    M=max(20,30); // 调用求最大值函数,返回值存入变量 M
    ...
}
```

还有一类自定义函数,其专门用来实现中断服务功能,因此也称其为中断服务函数。中断机制是单片机提供的一种响应外界信号触发,从而处理紧急事件的机制。为此,单片机在硬件和软件方面,形成了一套完整的处理策略,这称为单片机的中断系统。仅从软件层面来说,中断服务函数是中断源产生后,完成相应中断处理任务的关键。

中断函数的一般形式如下。

```
返回值    类型函数名(参数 1,参数 2…)[interrupt  n]  using  m
{
    语句或语句块
}
```

其中,interrupt 后面的 n 是中断编号,取值范围为 0~4,对应不同的中断源。using 后面的 m 表示使用的工作寄存器组号,取值范围为 0~3,如不声明,则默认使用第 0 组。例如:

```
void   Time0(void) interrupt 1 using 2
```

这是定时器/计数器 T0 的中断服务函数,无返回值,无参数,T0 的中断编号为 1,使用第 2 组工作寄存器。

3. 变量的作用域

变量的作用域指的是变量起作用(可被使用)的范围。根据变量作用域的不同,变量可分为局部变量和全局变量。

1)局部变量

在一个函数内部定义的变量是内部变量,它只在本函数范围内有效,也就是说只有在本函数内才能使用它们。在此函数以外是不能使用这些变量的,这称为局部变量。

2)全局变量

在函数内定义的变量是局部变量,而在函数之外定义的变量称为外部变量,外部变量是全局变量(也称为全程变量),全局变量可以被同一个源程序文件中的其他函数所共用,它的有效范围为从定义变量的位置开始到本源文件结束。

利用全局变量的这一性质,可以在不同的函数间传递数据,如果传递的数据量大,可以定义很多全局变量,甚至使用全局数组,其传递效率要比函数调用时传递参数和接收返回值的方式高很多。

◆ **1.3.8   编译预处理**

1. 宏定义

宏定义的一般形式为:

```
#define  标识符  字符串
```

例如:

```
#define  PI  3.1415926
```

宏定义的作用是在本程序文件中用指定的标识符 PI 来代替 3.1415926 这个字符串,在编译预处理时,将程序中在该命令以后出现的所有的 PI 都用 3.1415926 代替。这种方法使用户能以一个简单的名字代替一个长的字符串。这个标识符称为"宏名"。在预编译时将宏名替换成字符串的过程称为宏展开。#define 是宏定义命令。

说 明

(1) 宏名一般习惯用大写字母表示,以便与变量名相区别。

(2) 使用宏名代替一个字符串,可以减少程序中重复书写某些字符串的工作量。

(3) 宏定义是用宏名代替一个字符串,只进行简单置换,不进行正确性检查。只有在编译已被宏展开后的源程序时才会发现语法错误并报错。

(4) 宏定义不是 C51 语句,不必在行末加分号,如果加了分号则会连分号一起进行置换。

(5) #define 命令出现在程序中函数的外面,宏名的有效范围为定义命令之后到本源文件结束。通常#define 命令写在文件开头、函数之前,作为文件的一部分,在此文件范围内有效。

(6) 可以用#undef 命令终止宏定义的作用域。

(7) 在进行宏定义时,可以引用已定义的宏名,可以层层置换。

(8) 对程序中用双撇号括起来的字符串内的字符,即使与宏名相同,也不进行置换。

(9) 宏定义是专门用于预处理命令的一个专用名词,它与定义变量的含义不同,只进行字符替换,不分配内存空间。

2. 文件包含处理

"文件包含"处理是指一个源文件可以将另外一个源文件的全部内容包含进来。C51 语言提供了#include 命令用来实现"文件包含"的操作,其一般形式为:

```
#include  "文件名"
```

或

```
#include  <文件名>
```

说 明

(1) 一个#include 命令只能指定一个被包含文件,如果要包含 n 个文件,要用 n 个#include 命令。

(2) 在一个被包含文件中又可以包含另一个被包含文件,即文件包含是可以嵌套的。

(3) 在#include 命令中,文件名可以用双撇号或尖括号括起来。

1.3.9 C51 的注释

C51 的注释写法与 C 语言一样,分为单行注释和多行注释两种写法。

1. 单行注释

每行注释的起始位置用双斜线()开头,此后的内容直至本行结束全部为注释的部分。例如:

```
//这是一条单行注释
```

2. 多行注释

如果要注释的内容分处于多行,整个注释段的起始位置用"/ * "开头,最后用" * /"结尾。例如：

```
/* 这是多行注释的第 1 行
这是多行注释的第 2 行
这是多行注释的第 3 行*/
```

1.4　集成开发环境 Keil μVision 4 简介

当前主流的 C51 程序开发是在 Keil μVision 4 开发环境下进行的，下面先介绍该开发环境。Keil μVision 4 的集成开发环境是 Keil Software 公司于 2009 年 2 月发布的，用于在微控制器和智能设备上创建、仿真和调试嵌入式应用。Keil μVision 4 引入灵活的窗口管理系统，使开发人员能够使用多台监视器，能够拖放到窗口的任何地方。新的用户界面可以更好地利用屏幕空间和更有效地组织多个窗口，提供一个整洁、高效的环境来开发应用程序。新版本支持最新的 ARM 芯片，还添加了一些新功能。2011 年 3 月，ARM 公司发布的最新集成开发环境 Real View MDK 开发工具中集成了最新版本的 Keil μVision 4，其编译器、调试工具能完美地与 ARM 器件进行匹配。

◆　**1.4.1　Keil μVision 4 运行环境介绍**

STC 单片机应用程序的开发与在 Windows 系统中运行的项目工程开发有所不同。Windows 系统编译程序后会生成后缀名为 .exe 的可执行文件，该文件能在 Windows 环境下直接运行；而 STC 单片机编译的目标文件为 HEX 文件，该文件包含了在单片机上可执行的机器代码，这个文件经过烧写软件下载到单片机的 Flash ROM 中就可以运行。

在 Keil μVision 4 中新建工程的具体步骤如下。

（1）双击快捷键图标，进入 Keil μVision 4 集成开发环境，出现如图 1-12 所示的窗口。

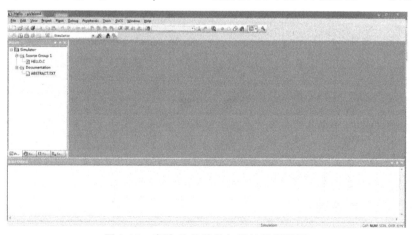

图 1-12　启动 Keil 软件初始的编辑页面

（2）建立一个新工程，单击"Project"下拉菜单中的"New μVision Project…"选项，如图 1-13 所示。

（3）选择工程保存路径，输入过程文件名，然后单击"保存(S)"按钮，如图 1-14 所示。

（4）保存后会弹出一个对话框，这时用户可以从中选择单片机的各种型号，如图 1-15 所示。

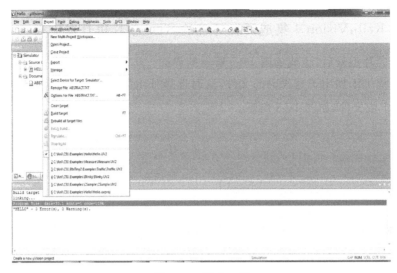

图 1-13　新建工程

图 1-14　保存工程

（5）对话框中左侧"Data base"栏中找不到 STC89C52，因为 C51 内核单片机具有通用性，在这里选择 Atmel 的 AT89C52 来说明，右边的"Description"栏是对用户选择芯片的介绍，如图 1-16 所示。

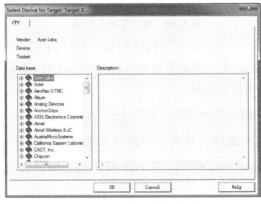

图 1-15　单片机型号选择

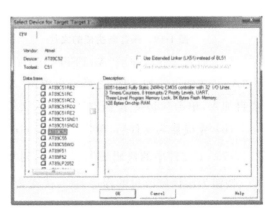

图 1-16　所选单片机型号的介绍

◆ **1.4.2 Keil μVision 4 集成开发环境的 STC 单片机开发流程**

（1）选择芯片型号后，生成如图 1-17 所示的界面。

（2）在工程里添加用于写代码的文件，这时选择"File"→"New"命令或者单击界面中的快捷方式 □ 生成文件，如图 1-18 所示。

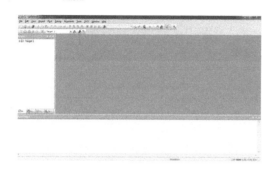

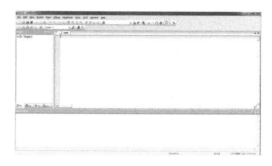

图 1-17　新生成的页面　　　　　　　　　　　图 1-18　新生成的文件

（3）保存新生成的文件，注意应保存在前面存储的工程里。如果用 C 语言编写程序，则后缀名为.c；如果用汇编语言编写程序，则后缀名为.asm。此时文件名可与工程名不同，用户可任意填写，这里以 C 程序为例，如图 1-19 所示。

（4）保存文件后，单击界面左侧栏中"Target 1"前面的 ➕ 图标，右击"Source Group 1"，选择"Add Files to Group'Source Group 1'…"命令，将文件加入工程，如图 1-20 所示。

图 1-19　保存新生成的文件　　　　　　　　　图 1-20　将文件加入工程

（5）加入文件后弹出"Add Files to Group'Source Group 1'"对话框，如图 1-21 所示。单击"Add"按钮可添加文件，之后若再单击"Add"按钮，将出现提示音表示已经加入文件，不需要再加入，单击"Close"按钮即完成加入文件并退出该对话框。

（6）完成加入文件后，单击"Source Group 1"前面的 ➕ 图标，如图 1-22 所示。

（7）.c 文件中的代码编写完成后，对程序进行编译。其中，📚 按钮为编译当前程序，📇 按钮为编译修改过的程序，📇 按钮为重新编译当前程序。图 1-23 所示的为编译后输出信息窗口显示的结果。

（8）单击 🔧 按钮，弹出如图 1-24 所示的对话框，单击"Output"选项卡，勾选"Create HEX File"复选框后，单击 📇 按钮，如图 1-25 所示，即生成单片机可执行文件。

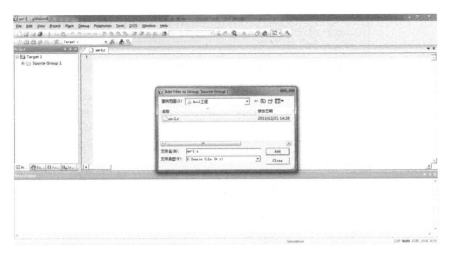

图 1-21 选中文件加入工程

图 1-22 文件加入工程后的编程页面

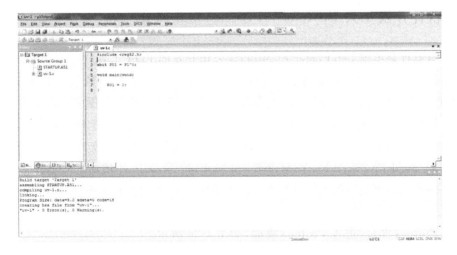

图 1-23 编译后输出信息窗口显示的结果

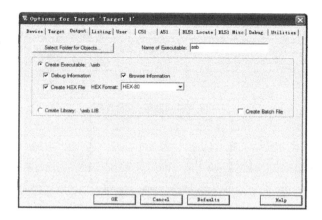

图 1-24 勾选"Create HEX File"复选框

图 1-25 生成 HEX 文件

1.5 软件开发工具 Proteus 7 Professional 简介

Proteus 软件是英国 Lab Center Electronics 公司开发的 EDA 工具软件。它不仅具有其他 EDA 工具软件的仿真功能,还能仿真单片机及外围器件。它是目前比较流行的仿真单片机及外围器件的工具。Proteus 能够从原理图布图、代码调试到单片机与外围电路协同仿真,一键切换到 PCB 设计,真正实现了从概念到产品的完整设计。它是目前世界上唯一将电路仿真软件、PCB 设计软件和虚拟模型仿真软件三合一的设计平台,其处理器模型支持 8051、HC11、PIC10/12/16/18/24/30/dsPIC33、AVR、ARM、8086 和 MSP430 等,2010 年增加了 Cortex 和 DSP 系列处理器,并不断增加其他系列的处理器模型。在编译方面,它也支持 IAR、Keil 和 MPLAB 等多种编译器。

单击 Proteus 图标,进入 Proteus 界面,如图 1-26 所示。

1. 原理图编辑窗口

元器件放置在编辑区内,可以用预览窗口来调节原理图的可视范围。

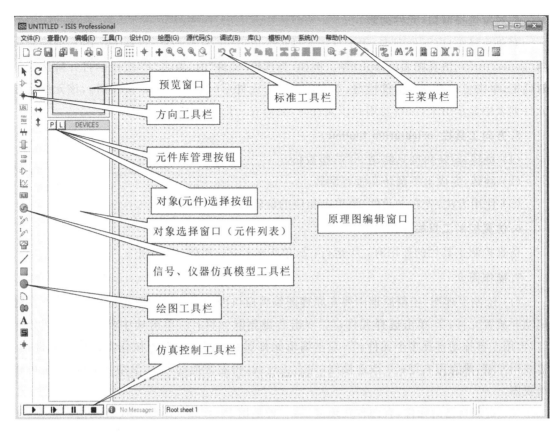

图 1-26 Proteus **主界面**

2. 预览窗口

预览窗口可显示两种内容：① 当选中某一个元器件时，它会显示该元器件的预览图；② 当光标落在原理图编辑窗口时（即放置元器件到原理图编辑窗口后或在原理图编辑窗口中单击后），它会显示整张原理图的缩略图，并会显示一个绿色的方框，绿色方框里的内容就是当前原理图编辑窗口中显示的内容，因此，可用鼠标单击来改变绿色方框的位置，从而改变原理图的可视范围。

3. 信号、仪器仿真模型工具栏

（1）主要模型（main modes）工具，其主要作用包含以下几个方面：① 选择元件（components）（默认选择的）；② 放置连接点；③ 放置标签（用总线时会用到）；④ 放置文本；⑤ 用于绘制总线；⑥ 用于放置子电路；⑦ 用于即时编辑元件参数（先单击该图标再单击要修改的元件）。

（2）配件（gadgets），主要包含以下几种：① 终端接口（terminals），有 VCC、地、输出、输入等接口；② 器件引脚，用于绘制各种引脚；③ 仿真图表（graph），用于各种分析，如 Noise Analysis；④ 录音机；⑤ 信号发生器（generators）；⑥ 电压探针，使用仿真图表时要用到；⑦ 电流探针，使用仿真图表时要用到；⑧ 虚拟仪表，如示波器等。

（3）2D 图形（2D Graphics），其主要作用有：① 画各种直线；② 画各种方框；③ 画各种圆；④ 画各种圆弧；⑤ 画各种多边形；⑥ 画各种文本；⑦ 画符号；⑧ 画原点等。

4. 对象选择窗口（元件列表）

对象选择窗口（元件列表）用于挑选元件（components）、终端接口（terminals）、信号发生器（generators）、仿真图表（graph）等。例如，当选择"元件"时，单击"P"按钮会打开挑选元件对话框，单击可以看到元器件模型，双击选择一个元件后（单击了"OK"按钮后），该元件会在元件列表中显示出来，以后要用到该元件时，只需在元件列表中选择即可。

5. 方向工具栏（orientation toolbar）

（1）旋转：旋转角度只能是90°的整数倍。

（2）翻转：完成水平翻转和垂直翻转。

（3）使用方法：先右击元件，再单击相应的旋转图标。

6. 仿真控制工具栏

仿真控制工具栏的作用有：① 运行；② 单步运行；③ 暂停；④ 停止。

7. 操作简介

（1）绘制原理图：绘制原理图要在原理图编辑窗口内完成。其主要操作有：① 按下左键拖动并放置元件；② 单击选择元件；③ 双击右键删除元件；④ 单击选中画框，选中部分变红，再用左键拖动选择多个元件；⑤ 双击编辑元件属性；⑥ 选择即可按住左键拖动元件；⑦ 连线用左键，删除用右键；⑧ 改连接线（先右击连线，再左键拖动）；⑨ 滚动是缩放，单击可移动视图。

（2）定制自己的元件，有两种实现途径：一种是用 Proteus VSM SDK 开发仿真模型，并制作元件；另一种是在已有的元件基础上进行改造。

（3）Sub-Circuits 应用：用一个子电路可以把部分电路封装起来，这样可以节省原理图窗口的空间。

1.6 硬件开发工具介绍

1.6.1 万用表

万用表，也称为多用表、复用表等，是电子工程师最基本的测量工具。它的基本功能包括：① 测量交直流电压、交直流电流、电阻阻值；② 检测二极管极性；③ 测试电路通断等。有些高档一点的万用表还会包含电容容值测量、三极管测试、脉冲频率测量等。万用表大体可分为两类：指针万用表和数字万用表，如图 1-27 所示。

(a) 指针万用表　　　　(b) 数字万用表　　　　(c) 自动量程万用表

图 1-27　常用万用表

目前,指针万用表基本上已经被淘汰了,只在某些特殊场合才能见到(如科研和教学机构),而数字万用表是当今的主流。图 1-27(c)所示的自动量程万用表也是数字万用表的一种,它能自动切换量程,不需要用户手动拨动,但挡位(指电压、电流、电阻等这些不同的测量项目)还是要手动拨的,无疑自动量程万用表更高级一些,用起来也更省事。

万用表除了主体机身之外,还有两支表笔。表笔通常都是一只黑色、一只红色,如图 1-28 所示。

对照图中的表笔插孔,使用万用表进行具体测量时,黑色表笔要插到标有"COM"的黑色插孔里,而红色表笔根据测量项目的不同,插入不同的插孔中:测量小电流(≤200 mA)信号时插入"mA"插孔,测量大电流(大于 200 mA)信号时插入"20A"插孔,其余测量项目均插入标有"VΩ"的插孔。要特别注意进行不同测量项目时千万不要插错了位置!插好表笔之后还要选择挡位和量程,通过旋转机身中间的挡位旋钮开关来实现,如图 1-29 所示。

图 1-28 万用表表笔、机身上的表笔插孔特写   图 1-29 万用表挡位开关

旋钮开关被分成了多个挡位,如电阻 Ω、电容 F、关闭 OFF、三极管 hFE、直流电压 V—、交流电压 V～、直流电流 A—、交流电流 A～、二极管、通断等。有的挡位不分量程,而有的挡位则包含多个量程。下面介绍几种最常用的挡位的使用方法。

1)交直流电压

交流电压和直流电压的测量方法是完全相同的,仅根据具体的被测信号选择不同的挡位量程即可。首先在测量前应预估被测信号的大概的幅值,然后根据这个预估值来选择挡位。例如,照明用电是 220 V 交流电,那么可选择交流电压 750 V 挡位(绝不能选择低于被测信号最大值的挡位,以免损坏万用表);单片机系统电压多数都在 5 V 以下,一般选择直流电压 20 V 挡位。选择好挡位后就可以把表笔接入被测系统了,如果是交流电压就无所谓方向,两支表笔分别接触到两个被测点上即可,如果是直流信号,那么最好是红色表笔接电压较高的一点,而黑色表笔接电压较低的一点。我们常说某一点的电压值是多少,而不是说哪两点之间的电压值是多少,其实此时所说的某一点都是针对参考地来说的,即该点与参考地之间的电压,通常来说黑表笔就是接触到参考地上的。

2)电阻

电阻阻值的测量很简单,先把挡位开关打到 Ω 档,如果不知道大概的阻值范围,就选择最大量程,然后用两支表笔分别接触待测电阻的两端即可,根据屏幕显示的数值可进一步选择更加合适的量程。值得一提的是,多数万用表进行电阻测量时都有一个反应时间,有时需要等几秒钟才能显示出一个稳定的测量值。

3)交直流电流

电流的测量相对复杂一点,因为测量电流要将万用表串联到回路中。首先需要把待测回路在某一个点上断开,把红表笔插入 mA 或 20A 插孔中(同理也应先预估电流值,如果无把握就选择 20A 孔,如果实测数值很小则再换到 mA 孔),把挡位开关旋至 mA 或 20A 挡位上,然后用万用表的两支表笔分别接触断点的两端,也就是用表笔和万用表本身将断开的回路再连起来,这样万用表就串联在原来的回路中了,此时就可以在屏幕上读出电流的测量值了。需要特别注意的是:当每次测量完电流后,都必须把插在电流插孔上的红表笔插回到 VΩ 插孔,以免其他人随后拿去测量其他信号时造成意外短路损坏被测设备或万用表。

4)二极管和通断

有的万用表上二极管和通断是同一挡,有的万用表是分开为两个,这从一个侧面说明它们在原理上是相同的。万用表从两支表笔之间输出一个很小的电流信号,通常为 1 mA 或更小,然后测量两支表笔之间的电压,如果这个电压值很小,小到几乎为 0,那就可以认为此时两支表笔之间是短路的,即被测物是连通的导线或等效阻值很小而近似通路,反之如果这个电压值很大以致超出量程了(通常屏幕会在高位显示一个 1 后面是空白或者是 OL 之类的提示),那么就可以认为两支表笔之间的被测物是断开的或者说绝缘的,这就是通断功能。通常当万用表检测到短路(即"通")时还会发出提示声音。测量二极管也是同样的原理,如果测得的电压值大约等于一个 PN 结的正向导通电压(硅管为 0.5~0.7 V、锗管为 0.2~0.3 V),那么说明此时与红表笔接触的就是二极管的阳极,黑表笔接触的是阴极,反之如果显示超量程那么说明二极管接反了,需要反过来再测,如果正反电压都很小,或者都很大,那么说明二极管可能是坏了。

万用表在单片机的开发中有着非常重要的作用。当搭建好了一套单片机系统后,首先要检查其电源是否正常,用万用表的直流电压挡测量单片机的供电电源,看是否是在 5 V 左右(以 5 V 单片机系统为例),以先确定作为整个系统基础的电源是否有故障。然后再检查复位信号电压是否正常、其他控制信号电压是否正常等。通过一步步查找来一步步排除问题,在查找排除问题的过程中,通断功能就是一个很好的帮手,它可以告诉你电路板的哪条线路是通的,哪条线路是断开的,或者哪条线路对地或对其他线路短路了等。

1.6.2 示波器

示波器是一种用来测量交流电或脉冲电流波的形状的仪器,被誉为"电子工程师的眼睛",如图 1-30 所示。它的核心功能是将被测信号的实际波形显示在屏幕上,以供工程师查找定位问题或评估系统性能等。它的发展经历了模拟和数字两个时代。目前,模拟示波器基本上已被淘汰。

(a) 模拟示波器   (b) 数字示波器   (c) 示波器探头

图 1-30 示波器

　　数字示波器,更准确的名称是数字存储示波器,即 DSO(digital storage oscilloscope)。这个"存储"不是指它可以把波形存储到 U 盘等介质上,而是针对模拟示波器的即时显示特性而言的。模拟示波器靠的是阴极射线管(CRT)发射出电子束,而这束电子在根据被测信号所形成的磁场下发生偏转,从而在屏幕上显示出被测信号的波形,这个过程是即时的,中间没有任何的存储过程的。而数字示波器的原理是:首先示波器利用前端 ADC 对被测信号进行快速的采样,这个采样速度通常都可以达到每秒几百兆到几吉次,而示波器的后端显示部件是液晶屏,液晶屏的刷新速率一般只有几十到一百多赫兹;这样的话,前端采样的数据就不可能实时反映到屏幕上,于是就诞生了存储这个环节,即示波器把前端采样来的数据暂时保存在内部的存储器中,而显示刷新的时候再来这个存储器中读取数据,通过存储环节来解决前端采样和后端显示之间的速度差异。

　　使用示波器时,首先用示波器探头将其与被测系统相连,如图 1-30(c)所示。示波器一般都会有 2 个或 4 个通道(通常会标有 1～4 的数字,而多余的那个探头插座是外部触发,一般很少使用),它们的地位是相等的,可以随便选择,把探头插到其中一个通道上,探头另一头的小夹子连接被测系统的参考地,探针接触被测点,这样示波器就可以采集到该点的电压波形了(普通的探头不能用来测量电流,要测电流得选择专门的电流探头)。接下来可以通过调整示波器面板上的按钮,使被测波形以合适的大小显示在屏幕上。只需要按照一个信号的两大要素——幅值和周期(频率与周期在效果上是等同的)来调整示波器的参数即可。用于这两个调整项的旋钮如图 1-31 所示。

> **注意:**
> 　　示波器探头上的夹子是与参考地即三插插头上的地线直接连通的,所以如果被测系统的参考地与大地之间存在电压差的话,将会导致示波器或被测系统的损坏。

　　如图 1-31 中所示,在每个通道插座上方的旋钮,就是调整该通道的幅值的,即调整波形垂直方向的大小。转动它们,就可以改变示波器屏幕上每个竖格所代表的电压值,所以可称其为"伏格"调整,如图 1-32 中两幅波形对比图所示。图 1-32(a)是 1 V/grid,图 1-32(b)是 500 mV/grid,图 1-32(a)波形的幅值为 2.5 格,所以是 2.5 V,图 1-32(b)波形的幅值为 5 格,也是 2.5 V。推荐

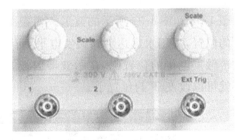

图 1-31　示波器幅值、时间轴旋钮

将波形调整到图 1-32(b)所示的形式,因为此时波形占了整个测量范围的较大空间,可以提高波形测量的准确度和细节还原程度。

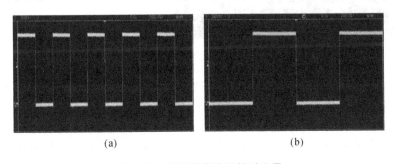

(a)　　　　　　　　　　　　　　(b)

图 1-32　示波器伏格调整对比图

除了图 1-31 所示通道上方的伏格旋钮外,通常还会在面板上找到一个大小相同的旋钮,这个旋钮是用于调整周期的,即波形水平方向大小的调整。转动它,就可以改变示波器屏幕上每个横格所代表的时间值,所以可称其为"秒格"调整,如图 1-33 中两幅波形对比图所示。图 1-33(a)所示的是 500us/grid,图 1-33(b)所示的是 200us/grid;图 1-33(a)一个周期占 2 格,周期是 1ms,即频率为 1 kHz,图 1-33(b)一个周期占 5 格,周期是 1ms,即频率为 1 kHz。

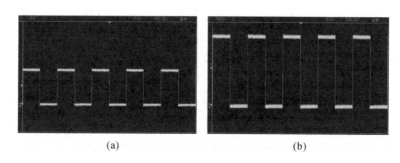

(a)　　　　　　　　　　　　　(b)

图 1-33　示波器秒格调整对比图

很多时候只进行上述两项调整的话,虽然能看到一个波形,但这个波形却很不稳定,左右晃动,相互重叠,导致看不清楚,如图 1-34 所示。

这是因为示波器的触发没有调整好的缘故,那么什么是触发呢? 所谓触发就是设定一个基准,让波形的采集和显示都围绕这个基准进行。最常用的触发设置是基于电平的(也可基于时间等其他量,道理相同),在上面的几张波形图中,图的左侧总有一个 T 和一个小箭头,T 是触发的意思,这个小箭头指向的位置所对应的电压值就是当前的触发电平。示波器总是在波形经过这个电平的时候,把之前和之后的一部分存储并最终显示出来,于是就能看到图 1-32 和图 1-33 所示的波形。而在图 1-34 中可以看到,无论如何波形也不会经过 T 所指的位置,即永远达不到触发电平,所以失去了基准的波形看上去就不稳定了。怎么调节这个触发电平的位置呢,在示波器面板上找到 Trigger 的旋钮,如图 1-35 所示,转动这个旋钮就可以改变 T 的位置了。

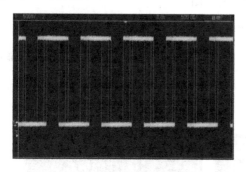

图 1-34　示波器触发电平调整不当的示意图　　　　图 1-35　示波器触发旋钮

除了可以改变触发电平的值以外,还可以设置触发的方式。例如,选择上升沿还是下降沿触发,也就是选择让波形向上增加的时候经过触发电平还是向下减小的时候经过触发电平来完成触发,这些设置一般都是通过 Trigger 栏中的按钮和屏幕旁边的菜单键来完成。

只要经过上述的这几个步骤,就可以应用示波器的核心功能来观察单片机系统的各个信号了。例如,上电后系统不运行,可以用它来测一下晶振引脚的波形正常与否。需要注意的是，晶振引脚上的波形并不是方波，而更像是正弦波，而且晶振的两个脚上的波形是不一样的，一个幅值小一点的是作为输入的，一个幅值大一点的是作为输出的，如图 1-36 所示。

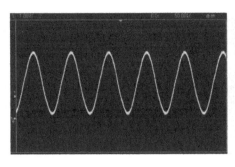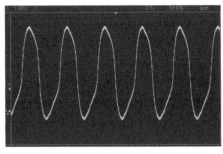

图 1-36　示波器实测的晶振波形

第2章 单片机开发实例——基础篇

2.1 LED花样流水灯设计

2.1.1 项目知识点

LED(light-emitting diode),即发光二极管,被称为第四代照明光源或绿色光源,具有节能、环保、寿命长、体积小等特点,广泛应用于各种指示、显示、装饰、背光源、普通照明和城市夜景等领域。根据使用功能的不同,可以将其划分为信息显示、信号灯、车用灯具、液晶屏背光源、通用照明等五大类。

LED是一种固态的半导体器件,由含镓(Ga)、砷(As)、磷(P)、氮(N)等的化合物制成,它可以直接把电能转化为光能。LED的核心是一个半导体的晶片,晶片的一端附着在一个支架上,作为负极,另一端连接电源的正极,整个晶片被环氧树脂封装起来。半导体晶片由两部分组成,一部分是P型半导体,在其中空穴占主导地位,另一端是N型半导体,在其中主要是电子起作用。但这两种半导体连接起来的时候,它们之间就形成一个P-N结。当电流通过导线作用于这个晶片的时候,电子就会流向P区,在P区里电子跟空穴复合,然后就会以光子的形式发出能量,这就是LED发光的原理。一般砷化镓二极管发红光,磷化镓二极管发绿光,碳化硅二极管发黄光,氮化镓二极管发蓝光。LED按化学性质的不同还可分为有机发光二极管(OLED)和无机发光二极管(LED)。

LED的发展历程如下。

1962年,通用电气公司、孟山都公司和IBM的联合实验室开发出了发红光的磷砷化镓(GaAsP)半导体化合物,从此可见光发光二极管进入商业化发展进程。

1965年,全球第一款商用化发光二极管诞生,它是用锗材料做成的可发出红外光的LED,当时的单价约为45美元。其后不久,孟山都公司和惠普公司推出了用GaAsP材料制成的商用红色LED。这种LED的效率约为0.1流明/瓦,比一般的60至100瓦白炽灯的15流明/瓦要低100多倍。

1968年,LED的研发取得了突破性进展,研究人员利用氮掺杂工艺使GaAsP器件的效率达到了1流明/瓦,并且能够发出红光、橙光和黄光。

1971,业界又推出了具有相同效率的GaP绿色芯片LED。

20世纪70年代,由于LED器件在家庭与办公设备中的大量应用,LED的价格直线下跌。事实上,LED在那个时代的主要市场是数字与文字显示技术的应用领域。

20 世纪 80 年代早期,LED 技术取得了重大突破,研究人员开发出了 AlGaAs LED,它能以 10 流明/瓦的发光效率发出红光。这一技术进步使 LED 能够应用于室外信息发布以及汽车高位刹车灯(CHMSL)设备。

1990 年,业界又开发出了能够提供相当于最好的红色器件性能的 AlInGaP 技术,这比当时标准的 GaAsP 器件性能要高出十倍。

> **注意:**
> 如今,效率最高的 LED 的透明衬底材料是 AlInGaP。在 1991 年至 2001 年期间,材料技术、芯片尺寸和外形等方面技术的进一步发展使商用化 LED 的光通量提高了将近 30 倍。

1994 年,日本科学家中村修二在 GaN 基片上研制出了第一只蓝色发光二极管,由此引发了对 GaN 基 LED 的研究和开发的热潮。1996 年,日本 Nichia(日亚)公司成功开发出了白色 LED。

20 世纪 90 年代后期,人们研制出通过蓝光激发 YAG 荧光粉产生白光的 LED,但色泽不均匀,使用寿命短,价格高。随着技术的不断进步,近年来白光 LED 的发展相当迅速,白光 LED 的发光效率已经达到 38 流明/瓦,实验室研究成果可以达到 70 流明/瓦,大大超过白炽灯,向荧光灯逼近。

近几年来,随着人们对半导体发光材料研究的不断深入、LED 制造工艺的不断进步和新材料(氮化物晶体和荧光粉)的开发和应用,各种颜色的超高亮度 LED 取得了突破性进展,其发光效率提高了近一千倍,色度方面已实现了可见光波段的所有颜色。

LED 的构造图如图 2-1 所示,图 2-2 所示为 LED 的电路符号。

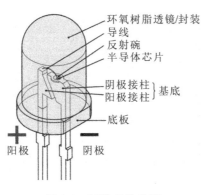

图 2-1 LED 的构造图

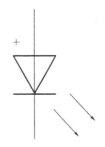

图 2-2 LED 的电路符号

2.1.2 项目实施

1. 任务要求

使用单片机和 8 个 LED,将这 8 个 LED 的正极分别接在单片机的 P1 口,将 8 个 LED 的负极全部接地,使 8 个 LED 的点亮方式呈现有规律性的变化。

2. 任务实施方案

项目的硬件电路原理图见图 2-3,使用 Keil 进行软件的编辑、编译、调试,生成相应的 HEX 文件。

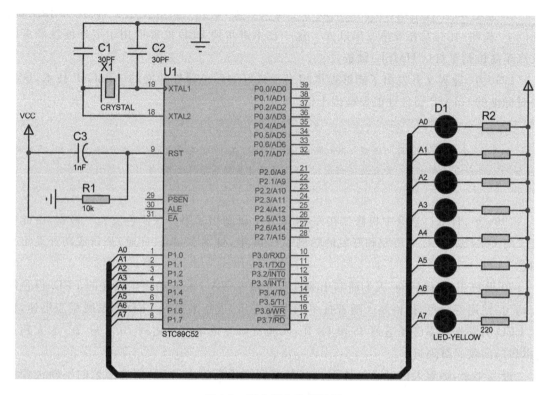

图 2-3　流水灯电路原理图

3. 源程序

```
#include<reg51.h>
#include<intrins.h>
#define  uchar unsigned char
void  delay_ms(uchar ms);       //延时子程序
void main()
{
uchar led;//为 P1 口赋值的变量
    uchar i;//循环控制变量
    while(1)
     {
        led=0xfe;//初值为 11111110
        for(i=0; i<7; i++)
        {
            P1=led;              //将 led 值送入 P1 口
            delay_ms(100);//延时 100ms
            led=_crol_(led,1);//将 led 值循环左移 1 位
        }
        for(i=0; i<7; i++)
        {
            P1=led;//将 led 值送入 P1 口
```

```
        delay_ms(100);        //延时 100ms
        led=_cror_(led,1);//将 led 值循环左移 1 位
      }
    }
}
void delay_ms(uchar ms)//延时子程序,单位为毫秒,最大值 255
{   uchar i;
    while(ms--)
    for(i=0;i<124; i++);
}
```

4. 系统仿真效果

花样流水灯的仿真图如图 2-4 所示。

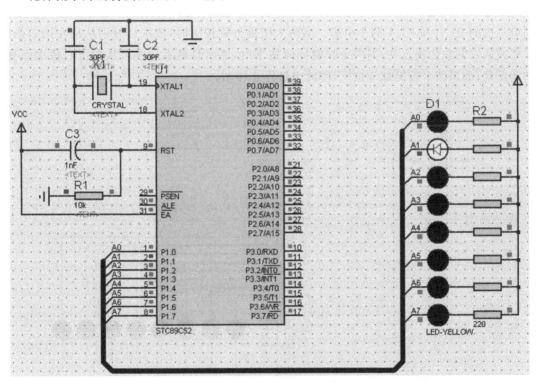

图 2-4　流水灯系统仿真图

◆ **2.1.3　项目改进**

1.方案改进

如果希望增加花样流水灯的趣味性,可以在电路中增加按键,通过按键控制流水灯的流动方向。

按键是单片机应用系统中十分常见的一种外设器件,它是人机交互过程中重要的输入部件,按键在系统工作时主要负责采集操作者发出的指令。

按键的本质是开关。在按键没有按下时,这个开关总是处于断开状态;当按下键时,开关就闭合了。通常的按键开关为机械开关,由于机械触点的弹性作用,按键开关在按下(闭

合)和释放(断开)时,并不会马上稳定地接通或断开,因而在闭合和释放的瞬间,都会伴随着一连串的抖动,其抖动现象的持续时间大约在 5~10ms。按键的抖动人眼是察觉不到的,但会对高速运行的单片机产生影响,进而产生误处理(人一次按下按键的行为,会被高速运行的单片机识别并解读为多次按下,从而产生多次按下按键的效果)。为保证按键闭合一次,仅做一次键输入处理,必须采取一定措施来消除抖动。

消除抖动的方法有两种:硬件消除抖动的方法和软件消除抖动的方法。

(1)硬件消除抖动的方法是用简单的基本 RS 触发器或单稳态电路,又或者 RC 积分滤波电路构成去抖动按键电路。

(2)软件消除抖动的方法一般是程序在第一次检测到按键按下后,就执行一段延时子程序,避开抖动,待电平稳定后再读入按键的状态信息,确认该键是否确实按下,以消除抖动的影响。

改进后的实施方案如图 2-5 所示,增加了"左移"和"右移"两个独立按键,按键分别连接到单片机的 P1.0 和 P1.1 两个引脚。当两个按键分别按下时,流水灯分别从从左向右依次点亮或从右向左依次点亮;当两个按键同时按下时,流水灯从右至左再从左至右依次点亮,如此反复;如果两个按键都未按下,则流水灯停止移动。

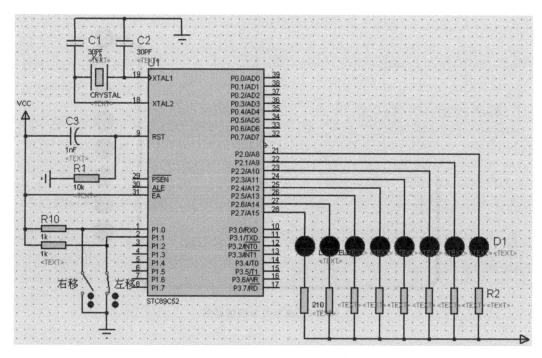

图 2-5　改进的流水灯电路原理图

2. 改进后的源程序

```
# include<reg51.h>
# include<stdio.h>
# include<intrins.h>//包含_crol_()
sbit keyleft=P1^0;
sbit keyright=P1^1;        //位定义
```

```c
void delayms(int ms)          //延时子程序
{
    int i;
    while(ms--)
    {
        for(i=0; i<120; i++);
    }
}
void main()
{   unsigned char xx,scode;
    int   i;
    keyleft=1;
    keyright=1;
    do
    {
        if(keyleft==0)        //左移键按下否
        {
            scode=0xfe;
            for(i=0;i<8;i++)
            {
                xx=scode;
                P2=xx;
                delayms(150);
                scode=_crol_(xx,1);
            }
        }
        if(keyright==0)    //右移键按下否
        {
            scode=0x7f;
            for(i=0;i<8;i++)
            {
                xx=scode;
                P2=xx;
                delayms(150);
                scode=_cror_(xx,1);
            }
        }
    }while(1);
}
```

> **提问:**
> 程序中有按键软件去抖功能吗,如果没有,该怎样编写程序呢?

3. 改进后的仿真效果

方案改进后，按下"左移"按键，LED 从左至右依次点亮，如图 2-6 所示。按下"右移"按键，LED 从右至左依次点亮，如图 2-7 所示。

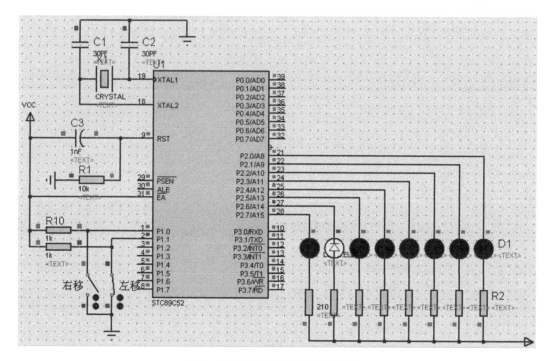

图 2-6　"左移"键按下时的效果图

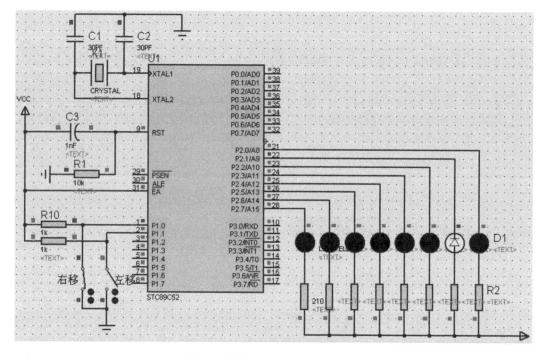

图 2-7　"右移"键按下时的效果图

设计小贴士

实现延时通常有两种方法：一种是硬件延时，需要用到定时器/计数器，这种方法可以提高 CPU 的工作效率，也能做到精确延时；另一种是软件延时，这种方法主要采用循环体进行。

1. 使用定时器实现精确延时

设单片机的定时器在方式 1 下工作，方式 1 是一个 16 位的定时器，由 TH0 寄存器作为高 8 位，TL0 寄存器作为低 8 位，共同组成一个 16 位的加 1 计数器，加 1 计数器可对内部机器周期计数。若没有设置 TH0 和 TL0 的初始值，则默认初值都是 0。假设时钟频率为 12 MHz，12 个时钟周期为一个机器周期，那么此时机器周期就是 1s，计满 TH0 和 TL0 就需要 $2^{16}-1$ 个数，然后加入一个脉冲，计数器溢出，随即向 CPU 申请中断。因此溢出一次共需要 65536 μs，约等于 65.5ms。如果要定时 50ms，则需要先给 TH0 和 TL0 装入一个初值，在这个初值的基础上计 50000 个数后，定时器溢出，此时刚好就是 50ms 中断一次。

若要计 50000 个数，TH0 和 TL0 中应该装入的总数是 65536－50000＝15536，将 15536 对 256 求模，即 15536/256＝60，并装入 TH0 中；将 15536 对 256 求余，即 15536％256＝176，并装入 TL0 中。

在实际应用中，定时器常采用中断方式，如果进行适当的循环则可实现几秒甚至更长时间的延时。

当需定时 1s 时，50ms 的定时器中断循环 20 次后便可实现 1s 定时。

设定时器在方式 1 下工作，机器周期为 T_{cy}，定时器产生一次中断的时间为 t，那么需要计数的个数为 N＝t/T_{cy}，装入 THx 和 TLx 中的数分别为 THx＝(65536－N)/256，TLx＝(65536－N)％256。

若定时器产生一次中断的时间 t＝50ms，要计算计数个数，首先要知道机器周期 T_{cy}，就需要知道系统的时钟频率，即单片机的晶振频率，若时钟频率为 11.0592 MHz，T_{cy}＝12× (1/11059200)≈1.091s，则计数个数 N＝50000/1.09≈45872；当晶振为 12 MHz 时，T_{cy}＝1 μs，则 N＝50000。

设计数初值为 X，则计数初值 X 与计数个数 N 之间的关系如下。
- 方式 0 为 13 位计数：X＝$2^{13}-N$。
- 方式 1 为 16 位计数：X＝$2^{16}-N$。
- 方式 2 为自动重装初值的 8 位计数方式：X＝$2^{8}-N$。
- 方式 3 只适用于定时/计数器 T0。此方式将 T0 分成两个独立的 8 位计数器 TL0 和 TH0。

2. "for" 循环实现的延时

在延时语句的两端各设置一个断点，通过使用"全速运行"按钮，便可方便地计算出所求延时代码的执行时间。单击"复位"按钮，然后在第一个"for"所在行前面的空白处双击鼠标，会出现一个红色方框，表示本行设置了一个断点，然后在其下输入"led=0;"所在行以同样的方式插入另一个断点，这两个断点之间的代码就是这个两级"for"嵌套语句，如图 2-8 所示。

单击“全速运行”按钮，程序会自动停止在第一个“for”语句所在行，如图 2-9 所示。其中，查看时间“sec”显示为 0.8923s。再单击一次“全速运行”按钮，程序停止在第二“for”语句下面一行处，如图 2-10 所示。其中，查看时间“sec”显示为 1.7844s。忽略微秒，此时间约为 1s，由于不需要精确的时间，所以这个精度已经足够. 即可将“for”语句的延时时间计算出来。

yanshi.c
08 while(1)
09 {
10 for(i=1000;i>0;i--)
11 for(j=110;j>0;j--);
12 led=0;
13 for(i=1000;i>0;i--)
14 for(j=110;j>0;j--);
15 led=1;

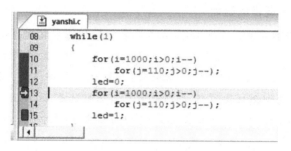

图 2-8　断点的设置

Register
Value
Regs
r0 0x00
r1 0x00
r2 0x00
r3 0x00
r4 0x00
r5 0x00
r6 0x00
r7 0x00
Sys
a 0x00
b 0x00
sp 0x0b
sp_max 0x0b
dptr 0x0000
PC $ C:0x002D
states 892397
sec 0.89239700
psw 0x00

图 2-9　执行一个 for 语句所用时间

Register
Value
Regs
r0 0x00
r1 0x00
r2 0x00
r3 0x00
r4 0x00
r5 0x00
r6 0x00
r7 0x00
Sys
a 0x00
b 0x00
sp 0x0b
sp_max 0x0b
dptr 0x0000
PC $ C:0x0055
states 1784404
sec 1.78440400
psw 0x00

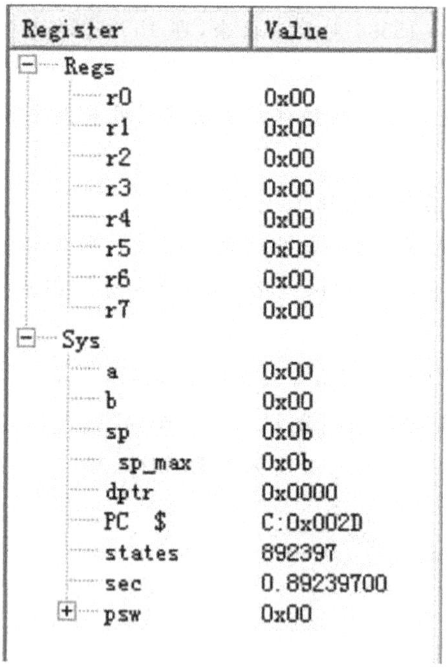

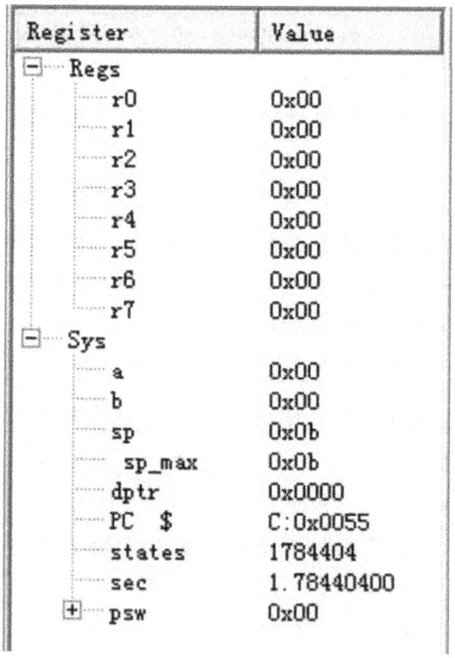

图 2-10　执行两个 for 语句所用时间

3. 使用延时指令

在单片机的很多程序中都能见到 nop 这条指令，该指令一般包含在“intrins. h”头文件中，单片机中经常需要几个空指令产生短延时的效果。对于延时很短的情况，并要求在微秒级的，可采用“nop”函数，这个函数相当于汇编语言中的 nop 指令，可延时几微秒。

nop 指令为单周期指令，可由晶振频率算出延时时间，对于 12 MHz 晶振，可延时 1 μs。

2.2 比赛记分牌设计

◆ 2.2.1 项目知识点

1. LED 数码管的结构

LED 数码管是由发光二极管按一定结构组合起来显示字段的器件。

在单片机应用系统中通常使用的是八段 LED 数码管,其外观如图 2-11 所示,其引脚图如图 2-12 所示。八段 LED 数码管由 8 个发光二极管构成,通过不同的组合可显示 0～9、A～F 及小数点等字符,其中的七段 LED 构成七笔的 8 字形,一段 LED 组成小数点。

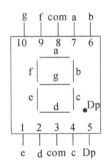

图 2-11 LED 数码管的外观图　　图 2-12 LED 数码管引脚图

LED 数码管有共阴极和共阳极两种结构。如图 2-13 所示为共阴极结构,八段 LED 的阴极端连接在一起作为公共端,阳极端分列。使用时公共端接地,此时当某个 LED 的阳极为高电平时,该 LED 被点亮。图 2-14 所示为共阳极结构,八段 LED 的阳极端连接在一起作为公共端,阴极端分列。使用时公共端接电源 V_{cc},此时当某个 LED 的阴极为低电平时,该 LED 被点亮。

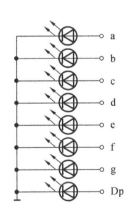

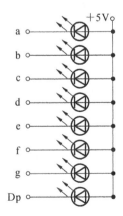

图 2-13 LED 数码管共阴极结构　　图 2-14 LED 数码管共阳极结构

若要显示某种字形,就应使组成此字形的相应字段点亮,也就是对 LED 数码管的不同引脚给不同的电平值,即二进制编码,这个二进制编码是 8 位的,一般将其称为“字段”。显示不同数字或字符的字段码是不一样的,而且即便是对于同一个数字或字符,共阳极结构的 LED 数码管和共阳极结构的 LED 数码管的字段码也不一样,共阴极和共阳极的字段码互为反码。表 2-1 所示为 0~9 数字的共阴极和共阳极的字段码。

表 2-1 LED 共阴极和共阳极字段码

显 示 字 符	共阴极二进制字段码	共阴极十六进制字段码	共阳极二进制字段码	共阳极十六进制字段码
	Dp g f e d c b a		Dp g f e d c b a	
0	00111111	3FH	11000000	C0H
1	00000110	06H	11111001	F9H
2	01011011	5BH	10100100	A4H
3	01001111	4FH	10110000	B0H
4	01100110	66H	10011001	99H
5	01101101	6DH	10010010	92H
6	01111101	7DH	10000010	82H
7	00000111	07H	11111000	F8H
8	01111111	7FH	10000000	80H
9	01101111	6FH	10010000	90H

2. LED 数码管的显示

LED 数码管的显示方式分为静态显示和动态显示两种。

（1）静态显示，也称静态驱动、直流驱动。静态驱动是指每个数码管的每一个段码都由一个单片机的 I/O 端口进行驱动，或者使用如 BCD 码二-十进制译码器译码进行驱动。静态驱动的优点是编程简单，显示亮度高，缺点是占用 I/O 端口多，如驱动 5 个数码管静态显示需要 $5 \times 8 = 40$ 根 I/O 端口来驱动，在实际应用时必须增加译码驱动器进行驱动，这样就增加了硬件电路的复杂性。

（2）LED 数码管动态显示是单片机中应用最为广泛的一种显示方式之一，动态驱动是将所有数码管的 8 个显示段"a，b，c，d，e，f，g，dp"的同名端连在一起，另外为每个数码管的公共极 COM 增加位选通控制电路，位选通由各自独立的 I/O 线控制，当单片机输出字段码时，单片机对位选通 COM 端电路的控制，所以只要将需要显示的数码管的选通控制打开，该位就显示出对应字形，没有选通的数码管就不会点亮。通过分时轮流控制各个数码管的COM 端，就使各个数码管轮流受控显示，这就是动态驱动。在轮流显示过程中，每位数码管的点亮时间为 1~2 ms，由于人的视觉暂留现象及发光二极管的余晖效应，尽管实际上各位数码管并非同时点亮，但只要扫描的速度足够快，给人的印象就是一组稳定的显示数据，不会有闪烁感，动态显示的效果和静态显示是一样的，能够节省大量的 I/O 端口，而且功耗更低。

◆ **2.2.2 项目实施**

1. 任务要求

使用单片机、数码管、按键设计完成电子记分牌，可以记录参与比赛的一支队伍的得分情况并且可以将分数清零。

2. 任务实施方案

项目的硬件电路原理图见图 2-15，单片机的 P0、P1 口接八位共阳数码管，P3.2 引脚接记分按键，P3.4 引脚接清零按键。使用 Keil 进行软件的编辑、编译、调试，生成相应的 HEX 文件。

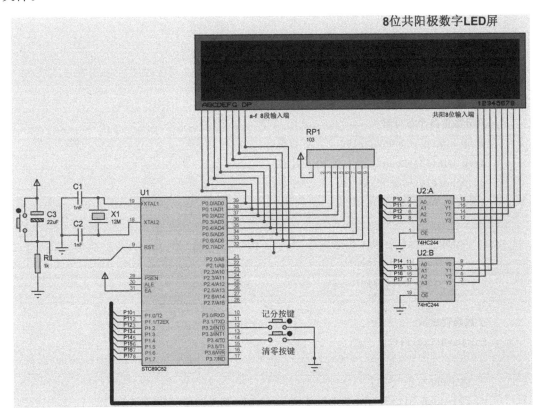

图 2-15 比赛记分牌电路原理图

3. 源程序

```c
#include<reg52.h>
#include<intrins.h>
#define INT8U unsigned char
#define INT16U unsigned int
//清零按键定义
sbit K3=P3^4;
//数码管段码
INT8U code DSY_CODE[]={0xC0,0xF9,0xA4,0xB0,0x99,0x92,0x82,0xF8,0x80,0x90,0xFF};
INT8U code Scan_BITs[]={0x01,0x02,0x04,0x08,0x10,0x20,0x40,0x80 };
INT8U data disp_buff[]={0,0,0,0,0,0,0,0};
INT16U Count_A=0;
//延时函数
void delay(INT16U x)
{
    INT8U   t;
```

```
        while (x--)
        {
            for(t=0;t<120;t++)
            {;}
        }
    }
//显示记分值
void Show_Counts()
{
    INT8U i;
    //分数值各个位分解
    disp_buff[2]=Count_A/100;      //百位
    disp_buff[1]=Count_A% 100/10;//十位
    disp_buff[0]=Count_A% 10;      //个位
    if(disp_buff[2]==0)
    {
        disp_buff[2]=10;
        if(disp_buff[1]==0)
            disp_buff[1]=10;
    }
    //数码管显示
    for (i=0;i<8;i++)
    {
        P0=0xFF;
        P1=Scan_BITs[i];
        P0=DSY_CODE[disp_buff[i]];
        delay(1);
    }
}
//主函数
    void main()
    {
    IT0=1;
    PX0=1;
    IE=0x85;
    while(1)
    {
        if (!K3)   Count_A=0;
            Show_Counts();
    }
}
//外部中断 0 中断服务函数
void EX_INT0()   interrupt 0
```

```
{
    EA=0;
    delay(10);
    Count_A++;
    EA=1;
}
```

4. 系统仿真效果

电子记分牌的仿真效果如图 2-16 所示。

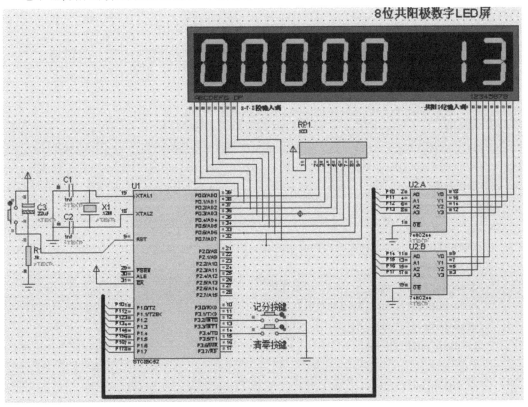

图 2-16　比赛记分牌仿真图

2.2.3　项目改进

1. 方案改进

在实际比赛中,记分牌上往往是同时显示两支比赛队伍的比赛得分,因此可以在原方案的基础上稍作改进,更加有效的记录参与比赛双方的得分情况。

改进后的实施方案如图 2-17 所示。

2. 改进后的源程序

```
# include<reg52.h>
# include<intrins.h>
# define INT8U unsigned char
# define INT16U unsigned int
//清零按键定义
```

```
sbit K3=P3^4;
sbit K4=P3^5;
//数码管段码
INT8U code DSY_CODE[]={0xC0,0xF9,0xA4,0xB0,0x99,0x92,0x82,0xF8,0x80,0x90,0xFF,0xBF};
INT8U code Scan_BITs[]={0x01,0x02,0x04,0x08,0x10,0x20,0x40,0x80};
INT8U data disp_buff[]={0,0,0,0,0,0,0,0};
INT16U Count_A=0,Count_B=0;
//延时函数
void delay(INT16U x)
{
    INT8U  t;
    while(x--)
    {
        for(t=0;t<120;t++)
        {;}
    }
}
//显示记分值
void Show_Counts()
{
    INT8U i;
    //分数值各个位分解
    disp_buff[2]=Count_A/100;      //百位
    disp_buff[1]=Count_A% 100/10;//十位
    disp_buff[0]=Count_A% 10;      //个位
    if(disp_buff[2]==0)
    {
        disp_buff[2]=10;
        if(disp_buff[1]==0)
            disp_buff[1]=10;
    }
    disp_buff[7]=Count_B/100;      //百位
    disp_buff[6]=Count_B% 100/10;//十位
    disp_buff[5]=Count_B% 10;      //个位
    if(disp_buff[7]==0)
    {
        disp_buff[7]=10;
        if(disp_buff[6]==0)
            disp_buff[6]=10;
    }
    disp_buff[4]=11;
    disp_buff[3]=11;
    //数码管显示
```

```
        for (i=0;i<8;i++)
        {
            P0=0xFF;
            P1=Scan_BITs[i];
            P0=DSY_CODE[disp_buff[i]];
            delay(1);
        }
}
//主函数
void main()
{
    IT1=1;
    IT0=1;
    PX0=1;
    IE=0x85;
    while(1)
    {
        if (!K3)    Count_A=0;
        if (!K4)    Count_B=0;
        Show_Counts();
    }
}
//外部中断 0 中断服务函数
void EX_INT0()   interrupt 0
{
    EA=0;
    delay(10);
    Count_A++;
    EA=1;
}
void EX_INT1()   interrupt 2
{
    EA=0;
    delay(10);
    Count_B++;
    EA=1;
}
```

3. 改进后的仿真效果

改进后比赛记分牌的仿真效果如图 2-18 所示。

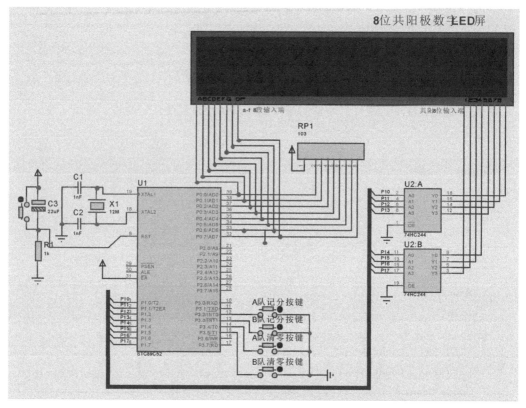

图 2-17　改进后的比赛记分牌电路原理图

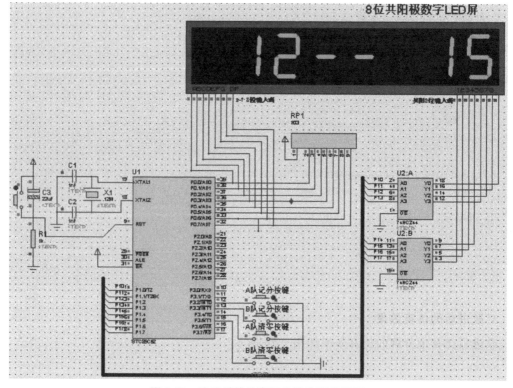

图 2-18　改进后的比赛记分牌仿真效果图

设计小贴士

1. 多位一体数码管

在实际设计中,当使用的数码管较多时,往往会使用到二位一体、四位一体等多位一体的数码管,如图 2-19 所示。在本例中,可以使用两个四位一体的共阳数码管。四位一体的共阳数码管内部的四个数码管可以共用 A~Dp 这 8 根数据线,使得外部电路能够简单化,使用起来非常方便。因为其中包含 4 个数码管,所以它有 4 个公共端,加上 A~Dp,共有 12 根引脚。图 2-20 所示为四位一体共阳数码管的引脚结构图。引脚排列是以左下角的第一个脚为起始脚(e 脚),逆时针方向依次为 1~12 脚。

图 2-19　多位一体的 LED 数码管

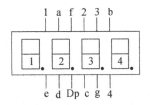

图 2-20　四位一体的 LED 数码管引脚图

2. LED 数码管的检测

利用数字万用表可以方便地检测出数码管的结构类型、引脚排列以及全笔段发光性能。

1)用二极管挡检测

将数字万用表置于二极管挡时,其开路电压为 +2.8 V。用此挡测量 LED 数码管各引脚之间是否导通,可以识别该数码管是共阴极型还是共阳极型,并可判别各引脚所对应的笔段有无损坏。使用时,黑表笔与数码管的公共端(假设为共阴)相接,然后用红表笔依次触碰数码管的其他引脚,触到哪个引脚,哪个笔段就应发光。若触到某个引脚时,所对应的笔段不发光,则说明该笔段已经损坏。

2)用 hFE 挡检测

利用数字万用表的 hFE 挡,可以检查 LED 数码管的发光情况。若使用 NPN 插孔,这时 C 孔带正电,E 孔带负电。例如,在检查共阴极 LED 数码管时,从 E 孔插入一根单股细导线,导线引出端接(-)级(第 3 脚与第 8 脚在内部连通,可任选一个作为(-));再从 C 孔引出一根导线依次接触各笔段电极,可分别显示所对应的笔段。若按图 2-21 所示电路,将第 4、5、1、6、7 脚短路后再与 C 孔引出线接通,则能显示数字"2"。把 a~g 段全部接 C 孔引线,就显示全亮笔段,显示数字"8"。

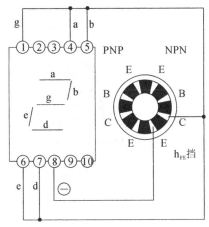

图 2-21　用 hFE 挡检测共阴的数码管的接线图

检测时,若某笔段发光黯淡,说明器件已经老化,发光效率变低。如果显示的笔段残缺不全,说明数码管已经局部损坏。注意,检查共阳极 LED 数码管时应改变电源电压的极性。如果被测 LED 数码管的型号不明,又无引脚排列图,则可用数字万用表的 hFE 挡进行如下测试:① 判定数码管的结构类型(共阴或共阳);② 识别引脚列;③ 检查全笔段发光情况。

具体操作时,可预先将 NPN 插孔的 C 孔引出一根导线,并将导线接在假定的公共电极(可任设一引脚)上,再从 E 孔引出一根导线,用此导线依次去触碰被测管的其他引脚。根据笔段发光或不发光的情况进行判别验证。测试时,若笔段引脚或公共引脚判断正确,则相应的笔段就能发光。当笔段电极接反或公共电极判断错误时,该笔段就不能发光。数字万用表 hFE 挡所提供的正向工作电流约 20 mA,做上述检查绝对不会损坏被测器件。

需注意的是,用 hFE 挡或二极管挡不适用于检查大型 LED 数码管。由于大型 LED 数码管是将多只发光二极管的单个字形笔段按串、并联方式构成的,因此需要的驱动电压高(17 V 左右),驱动电流大(50 mA 左右)。检测这种管子时,可采用 20 V 直流稳压电源,配上滑线电阻器作为限流电阻兼调节亮度,来检查其发光情况。

如果此时手上只有指针式万用表,同样可以进行数码管的检测。将万用表打在 R×1 挡或者更高挡。将万用表的表笔任意一脚(假设是红表笔),搭在数码管的任一脚上。黑表笔在其他脚上扫过,如果不亮,则可能此管为共阴数码管。如果有一段点亮,则黑表笔不动,移动红表笔,检测其他管脚。如果其他管脚都能点亮,则说明黑表笔接的是公共端,此数码管为共阳数码管(指针式万用表中的黑表笔是正极)。

如前所述,如果红表笔搭在数码管的任一脚上,黑表笔在其他脚上扫过时不亮,则交换表笔,将黑表笔搭在数码管的任一脚上,红表笔在其他脚上扫过。如果有一段点亮,则红表笔不动,移动黑表笔,如各段分别点亮,则红表笔所接为公共端,此数码管为共阴数码管。

指针式万用表检测 LED 数码管的连接方法如图 2-22 所示。

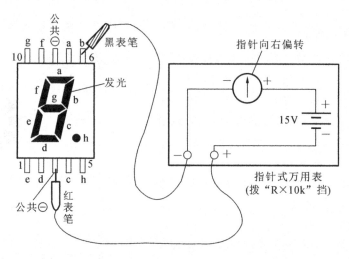

图 2-22　指针式万用表检测 LED 数码管的接线图

2.3 简易矩阵式键盘的设计

2.3.1 项目知识点

矩阵式键盘又称为行列式键盘,是一种常见的人机交互输入器件,通常所见的矩阵式键盘有 4 根行线和 4 根列线,行线与列线并不相交,而按键(共 16 个)处于行列线的交叉位置,当按键按下时,其所处位置的行列线就被连在起发生导通,单片机在使用矩阵键盘时,一般要用一个完整的 8 位并行口来与之连接。

矩阵式键盘的特点:占用 IO 接口线较少,软件结构较复杂,适用于按键较多的场合。

单片机在扫描键盘时,首先要判断是否有键按下,在去抖动后判断确实有键按下时就识别是哪个键按下,即读出键号。对于单片机应用系统,键盘扫描只是单片机工作的一部分,键盘处理只是在有键按下时才有意义。

检测键盘有无按键按下的常用方式有查询方式和中断方式两种。

1. 查询方式

在查询方式中判断是否有按键按下的方法是:先由相应的 I/O 接口将行线输出为低电平,再由相应的 I/O 接口将所有的列线结果读入。若有列线为低电平,则有键按下,反之则没有键按下。

判断某按键按下(即确定键号)的方法是:依次轮流将行线输出为低电平,然后检查各列线的状态。若某列线电平值为低电平,则对应的该行与该列的按键被按下,即可确定对应的键号。

上述方法称为逐行扫描法(简称行扫描法),如果将其流程倒置,则可称为列扫描法。

如果将行(或列)扫描法的过程细节加以整合,可以形成一种新的方法,称为行列反转法。此方法的工作原理是:一次性给 4 根行线全部送低电平,紧接着记录 4 根列线的电平状态,然后给 4 根列线全部送低电平,记录 4 根行线的电平状态,将两次记录的结果合并后即可确定键号。

2. 中断方式

为了提高单片机的工作效率,也可采用中断扫描方式,其工作原理如下:有按键按下时,产生中断请求信号;若无按键按下时,不会产生中断请求信号。

若有中断请求,单片机响应中断后,转向中断服务函数,消抖、求键码等工作均由中断服务函数完成。

2.3.2 项目实施

1. 任务要求

利用单片机识别出 4×4 键盘中按下的某一按键,将其对应的按键内容显示在数码管上。

2. 任务实施方案

项目的硬件电路原理图见图 2-23,单片机的 P3 口连接 4×4 键盘,P1 口连接一位共阴极数码管。使用 Keil 进行软件的编辑、编译、调试,生成相应的 HEX 文件。

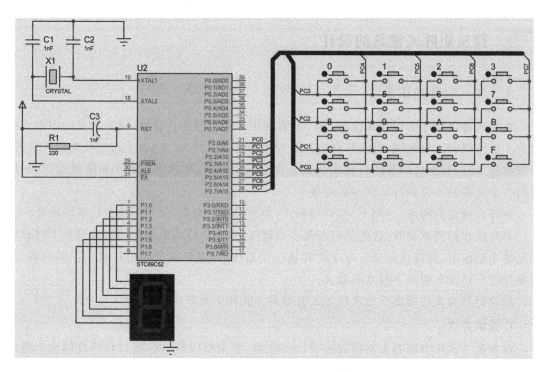

图 2-23   简易矩阵式键盘的电路原理图

3. 源程序

```c
# include<reg51.h>
# include<intrins.h>
# include<absacc.h>
# define uchar unsigned char
# define uint unsigned int
uchar code a[16]={0x3F,0x06,0x5B,0x4F,0x66,0x6D,0x7D,0x07,0x7F,
            0x6F,0x77,0x7C,0x39,0x5E,0x79,0x71};
void delay(uint i)//延时程序
{uint j;
for(j=0;j<i;j++);
}
uchar checkkey()//检测有没有键按下
{uchar i;
uchar j;
j=0x0f;
P2=j;
i=P2;
i=i&0x0f;
if  (i==0x0f) return (0);
  else return (0xff);
  }
uchar keyscan()//键盘扫描程序
```

```
{
    uchar scancode;
    uchar codevalue;
    uchar a;
    uchar m=0;
    uchar k;
    uchar i,j;
    if (checkkey()==0) return (0xff);
        else
        {delay(100);
        if (checkkey()==0) return (0xff);
    else
        {
        scancode=0xf7;m=0x00;//键盘行扫描初值,M为列数
        for (i=1;i<=4;i++)
            {
            k=0x10;
            P2=scancode;
            a=P2;
            for (j=0;j<4;j++)//J为行数
            {
                if ((a&k)==0)
                {
                    codevalue=m+j;
                    while (checkkey()!=0);
                    return (codevalue);
                }
                else  k=k<<1;
            }
            m=m+4;
            scancode=~scancode;//为 scancode 右移时,移入的数为1
            scancode=scancode>>1;
            scancode=~scancode;
            }
        }
    }
}
void main()//主函数
{
    int  x;
    P1=0x00;
    while(1)
    {  if (checkkey()==0x00) continue;
```

```
        else
        {
            x=keyscan();
            P1=a[x];
            delay(100);
        }}
    }
```

4. 系统仿真效果

矩阵式键盘的仿真效果如图 2-24 所示。

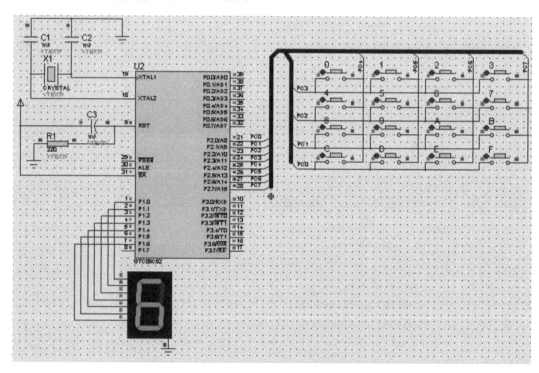

图 2-24   矩阵式键盘运行仿真图

◆   **2.3.3   项目改进**

1. 方案改进

在很多情况下,单片机应用系统不仅仅是自身独立,还需要与通用计算机进行通信,二者相互配合以完成任务。STC 系列单片机带有串行接口,如果从实现过程简单、压缩器件成本等角度考虑,与计算及通信的最佳方式应为串口通信。

对上述方案进行改进,每当按下相应按键,可以通过串口向相连的计算机发送按键信息,以便于计算机存储访问信息。

串行口使用时必须对它进行初始化编程,主要是设置产生波特率的定时器 1、串行口控制和中断控制。其一般步骤如下。

(1) 设定串行口的工作方式,设定 SCON 寄存器。

(2) 设置波特率。对于方式 0,不需要设置波特率;对于方式 2,设置波特率仅需要对

PCON 中的 SMOD 位编程;对于方式 1 和方式 3,设置波特率不仅仅需要对 PCON 中的 SMOD 位编程,还需要启动定时器 1 信号发生器,对 T1 编程。

（3）选择查询方式或中断方式,在中断工作方式时,需要对 IE 编程。

串口通信常用的波特率如表 2-2 所示。

表 2-2　串口通信常用波特率

工作方式	常用波特率/bps	晶振频率/MHz	SMOD	TH1 初始值
1,3	19200	11.0592	1	FDH
1,3	9600	11.0592	0	FDH
1,3	4800	11.0592	0	FAH
1,3	2400	11.0592	0	F4H
1,3	1200	11.0592	0	E8H

当用单片机和 PC 机通过串口进行通信时,尽管单片机有串行通信的功能,但单片机提供的信号电平和 RS-232 的标准不一样,因此要通过 MAX232 这种芯片进行电平转换。

MAX232 芯片是专为 RS-232 标准串口设计的单电源电平转换芯片,使用＋5 V 单电源供电。MAX232 是一种双组驱动器/接收器,片内含有一个电容性电压发生器以便在单 5 V 电源供电时提供 EIA/TIA-232-E 电平。芯片的引脚和原理图如图 2-25 所示。

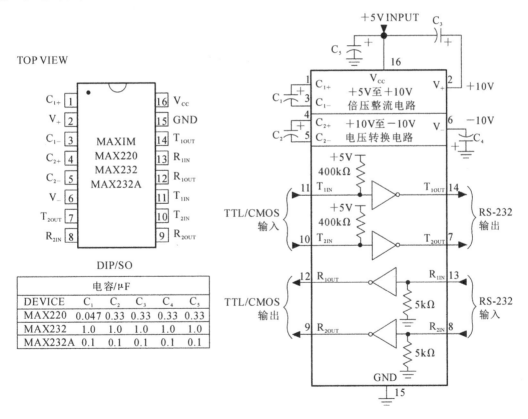

图 2-25　MAX232 引脚及原理图

改进后的电路如图 2-26 所示。图中增加了 PC 机串口和 MAX232,单片机的 TXD 引脚接 MAX232 的 T_{1IN} 引脚,MAX232 的 T_{1OUT} 引脚接 DB9 接口的 RXD 端。

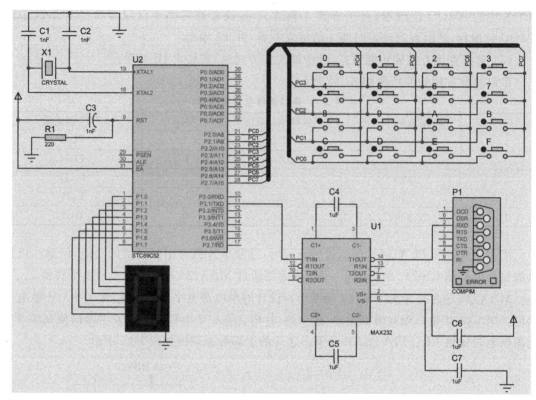

图 2-26　改进的矩阵式键盘电路原理图

2. 改进后的源程序

```c
#include<reg51.h>
#include<intrins.h>
#include<absacc.h>
#define uchar unsigned char
#define uint unsigned int
uchar code a[16]={0x3F,0x06,0x5B,0x4F,0x66,0x6D,0x7D,0x07,0x7F,
    0x6F,0x77,0x7C,0x39,0x5E,0x79,0x71};
uchar  num[10]={'0','0','0','0','0','0','0','0','0','0'};
uchar  num1[20]={"It's begin!"};
void delay(uint i)//延时程序
{
    uint j;
    for(j=0;j<i;j++);
}
uchar checkkey()//检测有没有键按下
{
    uchar i;
    uchar j;
    j=0x0f;
    P2=j;
```

```
i=P2;
i=i&0x0f;
if  (i==0x0f)
    return (0);
else
    return (0xff);
}
void   send(uchar dat)
{
  SBUF=dat;
  while(TI==0)
  {;}
  TI=0;
}
uchar keyscan()//键盘扫描程序
{
    uchar scancode;
    uchar codevalue;
    uchar a;
    uchar m=0;
    uchar k;
    uchar i,j;
    if (checkkey()==0) return (0xff);
    else
    {delay(100);
    if (checkkey()==0) return (0xff);
    else
      {
        scancode=0xf7;m=0x00;//键盘行扫描初值,M 为列数
        for (i=1;i<=4;i++)
            {
            k=0x10;
            P2=scancode;
            a=P2;
            for (j=0; j<4; j++)//j 为行数
                {
                  if ((a&k)==0)
                  {
                    codevalue=m+j;
                    while (checkkey()!=0);
                    return (codevalue);
                  }
                else   k=k<<1;
```

```
                }
            m=m+4;
        scancode=~scancode; // 为 scancode 右移时,移入的数为 1
        scancode=scancode>>1;
        scancode=~scancode;
        }
    }
}
void main()// 主函数
{
    int   x,i=0,j;
    P1=0x00;
    TMOD=0X20; // TMOD=00100000B,定时器 T1 工作于方式 2
    SCON=0x40; // 串口工作于方式 1
    PCON=0x00; // 波特率为 9600
    TH1=0xfd;
    TL1=0xfd;
    TR1=1;   // 启动定时器 1
    EA=1;
for(j=0; j<20; j++)
    {
        send(num1[j]);
        delay(10);
        }
while(1)
    {
        if (checkkey()==0x00)
            continue;
        else
        {
            x=keyscan();
            P1=a[x];
            num[i]=x+0x30;
            i++;
            delay(100);
        }
        if (i==10)
        {
        i=0;
        for(j=0;j<10;j++)
        {
            send(num[j]);
```

```
            delay(10);
        }
    }
  }
}
```

3.改进后的仿真效果

在 Proteus 中编辑 DB9 接口的属性,如图 2-27 所示,使之与 COM1 关联,波特率为 9600,8 位数据位,1 位停止位,无校验。STC89C52 的晶振频率设置为 11.0592 MHz。

图 2-27　DB9 属性编辑图

系统启动时的界面如图 2-28 所示。

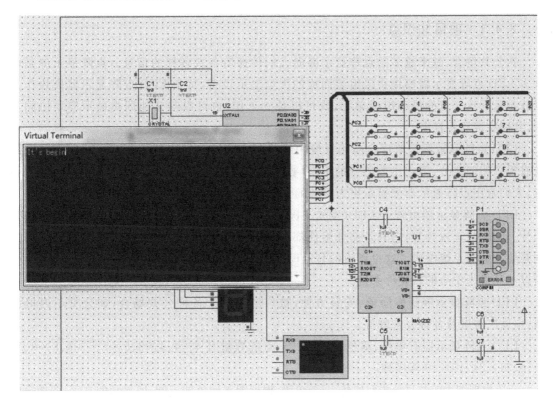

图 2-28　系统启动时界面

系统运行时,按下一组按键后,通过串口向 PC 机发送按键值,如图 2-29 所示。

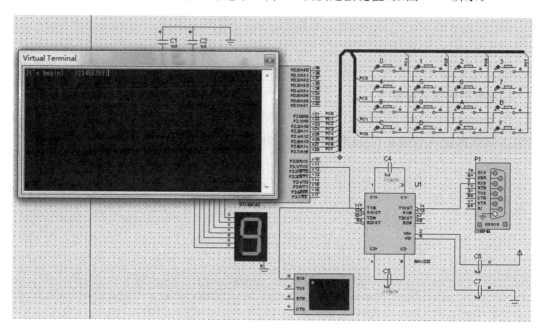

图 2-29　单片机向 PC 机发送按键值

2.4　8×8 点阵显示器的设计

◆　2.4.1　项目知识点

在公共场合,越来越多的点阵显示屏向人们传递着各式各样的信息。点阵显示屏是由许多 LED 点阵显示器模块拼接组装而成的大型显示设备,每个 LED 点阵显示器模块作为点阵显示屏这一点的最小组成单元,既可以独立工作,也可以与其他同类显示模块协同工作,共同完成显示任务。

LED 点阵显示器是单片机应用系统中常见的人机交互输出器件,其结构、原理与数码管有很多相似之处,但它比数码管的 LED 数量更多,使用起来也更为复杂。正是基于这一点,人们常用点阵显示器来显示更为复杂的信息。

LED 点阵显示器由若干 LED(发光二极管)组成,以每个 LED 的亮灭状态来显示文字、图片、动画,甚至视频等,它的各部分组件都是模块化结构的显示器件,通常由显示模块、控制系统及电源系统组成。这里所说的显示模块,是指 LED 点阵显示器;所说的控制系统,是指以单片机为中心的软硬件系统。

LED 点阵显示屏制作简单、安装方便,被广泛应用于各种公共场合,如公交车内报站器、室外广告屏及各种公告牌等。

LED 点阵显示器有单色、双色、全彩三类,点阵数量有 4×4、4×8、5×7、5×8、8×8、16×16、24×24、40×40 等多种。

点阵根据图素的数目分为双原色、三原色等,根据图素颜色的不同,所显示的文字、图像等内容的颜色也不同。单原色点阵只能显示固定色彩如红、绿、黄等单色。双原色和三原色点阵显示内容的颜色由图素内不同颜色发光二极管点亮组合方式决定,如红、绿都亮时可显示黄色;如按照脉冲方式控制 LED 的点亮时间,则可实现 256 色或更高级的灰度显示,即可以实现真彩色显示。

一块 LED 点阵显示器由许多 LED 封装而成,因此其结构主体为 LED 构成的阵列。8×8 LED 点阵显示器的电路原理图如图 2-30 所示,实物图如图 2-31 所示。

以 8×8 LED 点阵显示器为例,它由 64 个 LED 组成,每个 LED 放置在行线和列线的交叉点上。当对应的某行置高电平,某列置低电平,则相应的 LED 就点亮。因此,若要 LED 点阵显示器按照人的需求显示内容,就需要事先编制相应的行、列显示码,然后通过单片机的 I/O 逐一送至 LED 显示器来显示。

在 LED 点阵显示器的使用过程中,如果觉得点阵亮度不足,一般是由于电流较小所致,此时可以外加 74LS244、74LS245 来增大驱动能力。

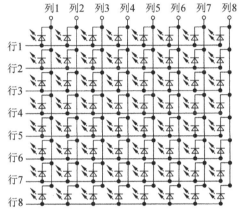

图 2-30　8×8 LED 点阵显示器的电路原理图

图 2-31　LED 点阵实物图

2.4.2　项目实施

1. 任务要求

使用单片机、8×8 LED 点阵显示器完成任务,使之轮流显示数字 0~9,A~F。

2. 任务实施方案

项目的硬件电路原理图见图 2-32,单片机的 P1、P3 口分别连接 8×8 LED 点阵显示器的列显示口和行显示口。使用 Keil 进行软件的编辑、编译、调试,生成相应的 HEX 文件。

3. 源程序

```
#include<reg51.h>
unsigned char code tab[]={0x01,0x02,0x04,0x08,0x10,0x20,0x40,0x80};
unsigned char code digittab[16][8]=
{{0x1C,0x22,0x22,0x22,0x22,0x22,0x22,0x1C},// 0
{0x08,0x0C,0x08,0x08,0x08,0x08,0x08,0x1C},// 1
{0x1C,0x22,0x22,0x10,0x08,0x04,0x02,0x3E},// 2
{0x1C,0x22,0x20,0x18,0x20,0x20,0x22,0x1C},// 3
{0x10,0x18,0x14,0x14,0x12,0x3C,0x10,0x38},// 4
{0x3E,0x02,0x02,0x1E,0x20,0x20,0x22,0x1C},// 5
{0x1C,0x22,0x02,0x1E,0x22,0x22,0x22,0x1C},// 6
{0x3E,0x12,0x10,0x08,0x08,0x08,0x08,0x08},// 7
```

```
{0x1C,0x22,0x22,0x1C,0x22,0x22,0x22,0x1C},//8
{0x1C,0x22,0x22,0x22,0x3C,0x20,0x22,0x1C},//9
{0x08,0x08,0x18,0x14,0x14,0x3C,0x24,0x66},//A
{0x1E,0x24,0x24,0x1C,0x24,0x24,0x24,0x1E},//B
{0x3C,0x22,0x02,0x02,0x02,0x02,0x22,0x1C},//C
{0x1E,0x24,0x24,0x24,0x24,0x24,0x24,0x1E},//D
{0x3E,0x24,0x14,0x1C,0x14,0x04,0x24,0x3E},//E
{0x3E,0x24,0x14,0x1C,0x14,0x04,0x04,0x0E}  //F
};
unsigned char times;
unsigned char col;
unsigned char num;
unsigned char tag;
void delay(unsigned int i)    //延时程序
{
unsigned int j;
for (j=0;j<i; j++);
}
void main(void)
{
    for(num=0;num<16;num++)
  {
     for(times=0;times<200;times++)
     {
       for(col=0;col<8;col++)
       {
         P3=0x00;
         P1=~digittab[num][col];
         P3=tab[col];    //取列数码
         delay(125);
       }
     }
  }
}
```

4. 系统仿真效果

8×8 LED 点阵显示器的仿真如图 2-33 所示。

2.4.3　项目改进

1. 方案改进

在原有的方案基础上,使 8×8 LED 点阵显示器除了显示数字、字符,还能够显示汉字。显示汉字时,需要提取对应汉字的字模,一般会借助字模提取软件以提高效率。字模提取软件的使用如图 2-34 所示。

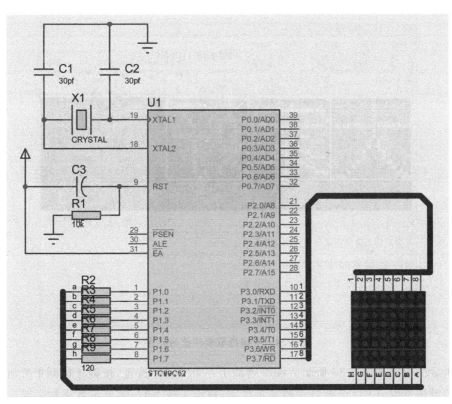

图 2-32 LED 点阵显示器电路原理图

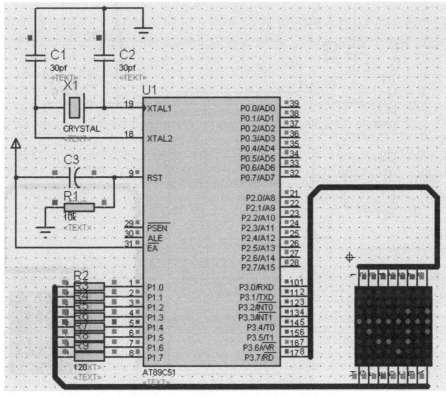

图 2-33 LED 点阵显示器运行仿真图

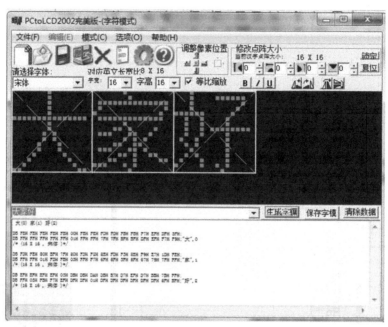

图 2-34　字模提取软件使用界面

改进后的电路如图 2-35 所示。图中增加了一个"选择"按键,按键连接到单片机的 P0.0 引脚。按键按下时,LED 点阵显示器显示汉字;按键未按下时,则显示数字和字符。

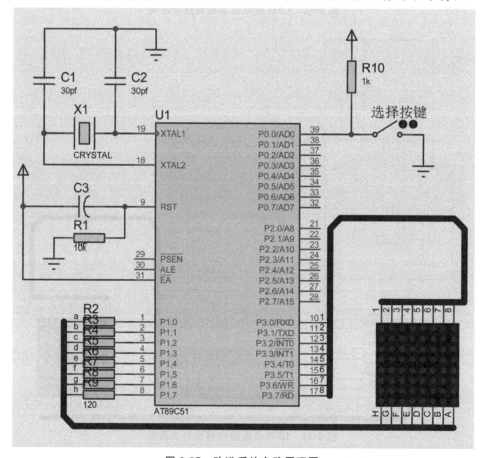

图 2-35　改进后的电路原理图

2. 改进后的源程序

```c
#include<reg51.h>
sbit  swit=P0^0;
unsigned char code tab[]={0x01,0x02,0x04,0x08,0x10,0x20,0x40,0x80};
unsigned char code digittab[16][8]=
                    {{0x1C,0x22,0x22,0x22,0x22,0x22,0x22,0x1C}, // 0
                     {0x08,0x0C,0x08,0x08,0x08,0x08,0x08,0x1C}, // 1
                     {0x1C,0x22,0x22,0x10,0x08,0x04,0x02,0x3E}, // 2
                     {0x1C,0x22,0x20,0x18,0x20,0x20,0x22,0x1C}, // 3
                     {0x10,0x18,0x14,0x14,0x12,0x3C,0x10,0x38}, // 4
                     {0x3E,0x02,0x02,0x1E,0x20,0x20,0x22,0x1C}, // 5
                     {0x1C,0x22,0x02,0x1E,0x22,0x22,0x22,0x1C}, // 6
                     {0x3E,0x12,0x10,0x08,0x08,0x08,0x08,0x08}, // 7
                     {0x1C,0x22,0x22,0x1C,0x22,0x22,0x22,0x1C}, // 8
                     {0x1C,0x22,0x22,0x22,0x3C,0x20,0x22,0x1C}, // 9
                     {0x08,0x08,0x18,0x14,0x14,0x3C,0x24,0x66}, // A
                     {0x1E,0x24,0x24,0x1C,0x24,0x24,0x24,0x1E}, // B
                     {0x3C,0x22,0x02,0x02,0x02,0x02,0x22,0x1C}, // C
                     {0x1E,0x24,0x24,0x24,0x24,0x24,0x24,0x1E}, // D
                     {0x3E,0x24,0x14,0x1C,0x14,0x04,0x24,0x3E}, // E
                     {0x3E,0x24,0x14,0x1C,0x14,0x04,0x04,0x0E}  // F
                    };
unsigned char code hanzitab[10][8]=
                    {{0xFF,0xFF,0xFF,0x81,0xFF,0xFF,0xFF,0xFF},/* "一",0* /
                     {0xFF,0xFF,0xC3,0xFF,0xFF,0xFF,0x01,0xFF},/* "二",1* /
                     {0xFF,0xFD,0xC3,0xFF,0xC3,0xFF,0x81,0xFF},/* "三",2* /
                     {0xFF,0x81,0x95,0x95,0x95,0xB9,0xBD,0x81},/* "四",3* /
                     {0xFF,0x83,0xEF,0xEF,0xD3,0xDB,0x81,0xFF},/* "五",4* /
                     {0xFF,0xEF,0xFF,0x81,0xDB,0xDB,0xBD,0x7F},/* "六",5* /
                     {0xFF,0xEF,0xEF,0xE1,0x8F,0xEF,0xE1,0xFF},/* "七",6* /
                     {0xFF,0xE7,0xD7,0xD7,0xDB,0xBB,0xBD,0x7F},/* "八",7* /
                     {0xFF,0xDF,0xDF,0xC7,0xD7,0xD7,0xB7,0x79},/* "九",8* /
                     {0xFF,0xEF,0xEF,0x00,0xEF,0xEF,0xEF,0xFF},/* "十",9* /
                    };
unsigned char times;
unsigned char col;
unsigned char num;
unsigned char tag;
void delay(unsigned int i)    // 延时程序
{
unsigned int j;
for (j=0;j<i; j++);
```

```
    }
void main(void)
{
    while(1)
    {
    if (swit==0)    //显示汉字
    {
        for(num=0;num<10;num++)
        {
            for(times=0;times<200;times++)
            {
                for(col=0;col<8;col++)
                {
                    P3=0x00;
                    P1=hanzitab[num][col];
                    P3=tab[col]; //取列数码
                    delay(125);
                }
            }
        }
    }
    else        //显示数字和字符
    {
        for(num=0;num<16;num++)
        {
            for(times=0;times<200;times++)
            {
                for(col=0;col<8;col++)
                {
                    P3=0x00;
                    P1=~digittab[num][col];
                    P3=tab[col];    //取列数码
                    delay(125);
                }
            }
        }
    }
    }
}
```

3. 改进后的仿真效果

改进后的系统能够使用单片机控制点阵显示器显示汉字或数字、字符，仿真调试如图 2-36 和图 2-37 所示。在使用点阵显示器显示稳定字样时，为了得到较好的显示效果，要恰当的使用延时函数。

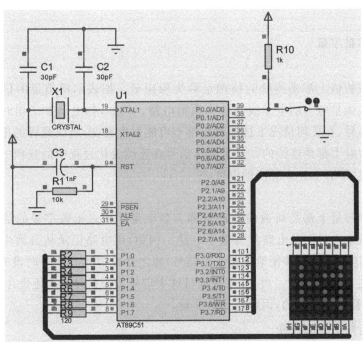

图 2-36　按键按下，显示汉字

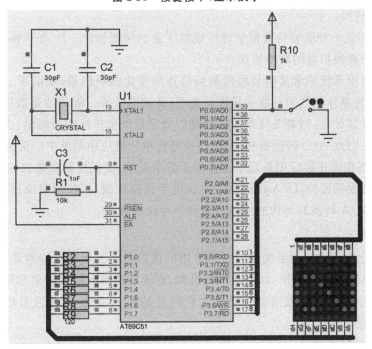

图 2-37　按键未按下，显示数字或字符

2.5　波形发生器设计

◆　2.5.1　项目知识点

波形发生器是一种信号发生器，在调试硬件时，常常需要加入一些信号，以观察电路工

作是否正常。

1. 模拟量和数字量

1）模拟量

在时间上或数值上都是连续的物理量称为模拟量。把表示模拟量的信号称为模拟信号。把工作在模拟信号下的电子线路称为模拟电路。例如，热电偶在工作时输出的电压信号就属于模拟信号，在任何情况下被测温度都不可能发生突变，所以测得的电压信号无论在时间上还是在数量上都是连续的。这个电压信号在连续变化过程中的任何一个取值都具有实际的物理意义，即表示一个相应的温度。

2）数字量

在时间上和数量上都是离散的物理量称为数字量。把表示数字量的信号称为数字信号。把工作在数字信号下的电路称为数字电路。例如，用电路记录从自动生产线上输出的零件数目时，每送出一个零件便给电路一个信号，使之计数增加 1，而平时没有零件送出时加给电路的信号是 0，便不计数。可见，零件数目这个信号无论在时间上还是在数量（最小的数量跨度为 1）上都是不连续的，因而它是数字量。

2. 模拟量与数字量的转换

模拟量与数字量是可以相互转换的。模拟量转换为数字量即 A/D 转换，数字量转换为模拟量即 D/A 转换。

A/D 转换器是一种能够将模拟量转换成数字量的功能模块。D/A 转换器刚好相反，它是将数字量转换成模拟量的功能模块。

在单片机应用系统中常常需要将检测到的连续变化的模拟量，如温度、压力、流量等转换成数字量，因为单片机只能对数字量进行处理，处理的结果一般仍然是数字量。对于需要模拟量控制的外部设备，则需要将单片机处理的数字量结果转换成模拟量，实现对控制对象的调节和控制。因此 A/D 转换器和 D/A 转换器在单片机应用系统中广泛使用。

A/D 转换器在单片机应用系统中主要用于数据采集，提供控制对象的各种实时参数，对控制对象进行必要的监控；D/A 转换器主要应用于模拟控制，对控制对象进行调节和控制。A/D 转换器和 D/A 转换器是沟通控制对象和单片机的桥梁。

3. D/A 转换

D/A 转换是单片机应用系统后向通道常用的接口电路。根据被控对象的特点，有时需要向应用控制系统提供模拟量，如电动执行机构、直流电动机电压反馈信号等。但是在单片机控制处理系统中，检测的数据进行处理之后仍然是数字信号，因此需要将数字信号通过 D/A 转换器转换成模拟信号。

1）D/A 转换的原理

D/A 转换的基本原理是通过"按权展开，然后相加"来实现，也就是说把输入的数字量的每一位按其权值分别转换成模拟量，然后通过运算放大器进行相加。

例如，如果有一个 8 位的 D/A 转换器，被转换的数字量为 00H～FFH，参考电压为 5 V，转换后的结果则为 0～5 V。因为转换的数字量是不连续的，所以转换后的模拟量自然也是不连续的，同时因单片机每次输出数据和 D/A 转换器进行一次转换需要时间，故 D/A 转换后输出的模拟量是不连续的，而且呈现阶梯状。但是当转换时间特别短时，输出的模拟量可以近似认为是连续的。

2）D/A 转换的主要性能指标

（1）分辨率。

分辨率是 D/A 转换器对输入量变化敏感程度的描述，与输入数字量的位数有关。如果数字量的位数为 n，则 D/A 转换器的分辨率为 2^{-n}，这就意味着 D/A 转换器能对满刻度的 2^{-n} 输入量做出反应。

（2）建立时间。

建立时间是描述 D/A 转换速度快慢的一个参数，指从输入数字量变化到输出达到终值误差 $\pm(1/2)$ LSB（最低有效位）时所需的时间。通常以建立时间来表示转换速度。D/A 转换器的输出形式为电流时，建立时间较短；D/A 转换器的输出形式为电压时，由于建立时间还要加上运算放大器的延时时间，因此建立时间稍长。但总的来说，D/A 转换速度远高于 A/D 转换速度，快速的 D/A 转换器的建立时间可达 $1\mu s$。

（3）转换精度。

转换精度以最大静态转换误差的形式给出，这个转换误差应该包含非线性误差、比例系数误差以及漂移误差等综合误差。

转换精度与分辨率是两个不同的概念，转换精度是转换后所得的实际值相对于理想值的接近程度。而分辨率是指能够对转换结果产生影响的最小输入量，对于分辨率很高的 D/A 转换器并不一定具有很高的转换精度。

4. 常用的 D/A 转换器

DAC0832 是常用的 8 位 D/A 转换器，单电源供电，在 $+5$ V～$+15$ V 内均可正常工作。基准电压的范围为 ±10 V；电流建立时间为 $1\mu s$；CMOS 工艺，低功耗（20 mW）。

DAC0832 转换器为 20 引脚，双列直插式封装，其引脚图如图 2-38 所示，内部结构图如图 2-39 所示。该转换器由输入寄存器和 DAC 寄存器构成两级数据输入锁存，使用时数据输入可以采用两级锁存（双锁存）形式、单级锁存（一级锁存，一级直通）形式，或者直接输入（两级直通）形式。

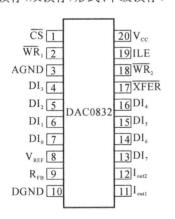

图 2-38 DAC0832 引脚图

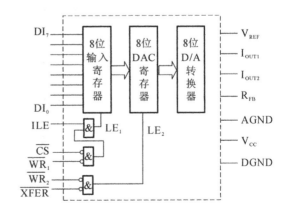

图 2-39 DAC0832 内部结构图

DAC0832 的引脚功能介绍如下。

● DI_0～DI_7：数据输入线，TTL 电平。

● ILE：数据锁存允许控制信号输入线，高电平有效。

● $\overline{CS}$：片选信号输入线，低电平有效。

● $\overline{WR_1}$：输入寄存器的写选通信号，低电平有效。

- $\overline{\text{XFER}}$：数据传送控制信号输入线，低电平有效。
- $\overline{\text{WR}_2}$：DAC寄存器写选通输入线，低电平有效。
- I_{out1}：电流输出线。当输入全为1时I_{out1}最大。
- I_{out2}：电流输出线。其值与I_{out1}之和为一常数。
- R_{FB}：反馈信号输入线，芯片内部有反馈电阻，外部通过该引脚接运算放大器输出端。
- V_{CC}：电源输入线（+5 V～+15 V）。
- V_{REF}：基准电压输入线（−10 V～+10 V）。
- AGND：模拟地，模拟信号和基准电源的参考地。
- DGND：数字地，一般两种地线在基准电源处共地比较好。

DAC0832是电流输出型D/A转换器，通过运算放大器，可将电流信号转换为单端电压信号输出。DAC0832具有数字量的输入锁存功能，可以与单片机的P0口直接相连。

2.5.2 项目实施

1. 任务要求

使用单片机、DAC0832等元件完成设计任务。单片机利用定时器产生变化的数字量，数字量经DAC0832进行D/A转换，其后输出的模拟量即构成所需指定宽度的方波波形。

2. 任务实施方案

项目的硬件电路原理图见图2-40，单片机的P0口连接DAC0832。使用Keil软件进行程序的编辑、编译和调试，生成相应的HEX文件。

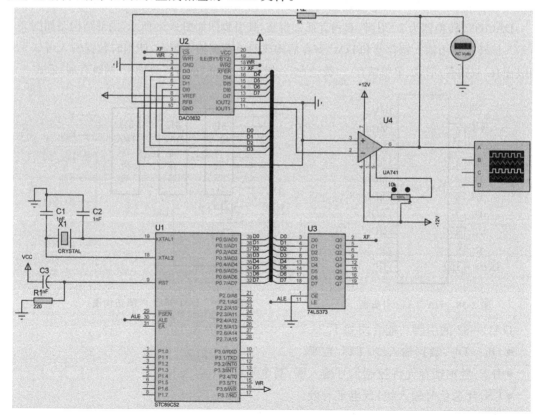

图 2-40　波形发生器电路原理图

3. 源程序

```
#include<reg52.h>//包含单片机寄存器的头文件
#include<absacc.h>//包含对片外存储器地址进行操作的头文件
char wave;//波形描点对应的数字量
//主函数
void main(void)
{
    TMOD=0x02;//TMOD=00000010B,使用定时器 T0 的模式 2
    EA=1;//开总中断
    ET0=1;//定时器 T0 中断允许
    TH0=256-100;//给定时器 T0 的高八位赋初值
    TL0=256-100;//给定时器 T0 的低八位赋初值
    TR0=1;//启动定时器 T0
    wave=0;
    while(1) //无限循环,等待中断
    {;}
}
//定时器 T0 的中断服务函数
void Time0(void) interrupt 1 using 0
{
    if(wave==0)//矩形波的高低电平数字量切换,每 100 切换一次
      wave=255;
    else
      wave=0;
    XBYTE[0Xfffe]=wave;
}
```

4. 系统仿真效果

系统运行时,虚拟示波器显示的矩形波仿真效果如图 2-41 所示。

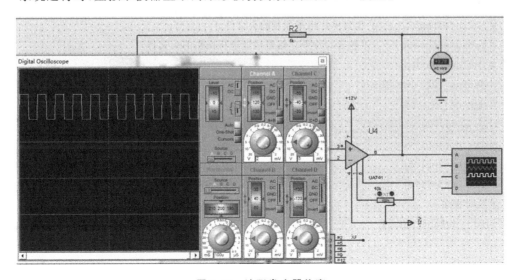

图 2-41　波形发生器仿真

2.5.3 项目改进

1. 方案改进

在原有的方案基础上,波形发生器还能够产生锯齿波和正弦波,三种波形能够通过按键进行切换,按键分别与单片机的 P1.4、P1.5、P1.6 引脚连接。改进后的电路原理图如图 2-42 所示。

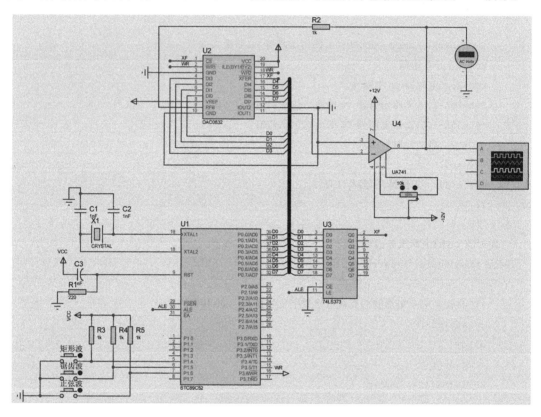

图 2-42　改进后的波形发生器电路原理图

2. 改进后的源程序

```c
#include<reg52.h>    //包含单片机寄存器的头文件
#include<absacc.h>   //包含对片外存储器地址进行操作的头文件
#include<math.h>
#define  PI  3.1415926
#define  N 1000
char wave0,wave1,wave2;     //波形描点对应的数字量
sbit  but1=P1^4;
sbit  but2=P1^5;
sbit  but3=P1^6;
//延时程序
void   delay(char t)
{
    while(t--)
    {;}
```

```
}
// 主函数
void main(void)
{
    int i;
    float x,y,step,T;
    int flag1=0,flag2=0;
    TMOD=0x02; // TMOD=00000010B,使用定时器 T0 的模式 2
    EA=1; // 开总中断
    ET0=1; // 定时器 T0 中断允许
    while(1)
    {
        if(but1==0)
        {
            wave0=0;
            TH0=256-100; // 给定时器 T0 的高八位赋初值
            TL0=256-100; // 给定时器 T0 的低八位赋初值
            TR0=1; // 启动定时器 T0
            flag1=0;
            flag2=0;
        }
        if(but2==0)
        {
            TR0=0; // 停止定时器 T0
            flag1=1;
            flag2=0;
        }
        if(flag1==1)
        {   for(i=0;i<=255;i++)
            {
                wave1=i;
                XBYTE[0Xfffe]=wave1;
                delay(200);
                if((but3==0)||(but1==0))
                    break;
            }
        }
        if(but3==0)
        {
            TR0=0; // 停止定时器 T0
            flag2=1;
            flag1=0;
        }
        if(flag2==1)
        {
            T=2* PI;
            step=T/N;
            for(x=0;x<=T;x=x+step)
```

```
        {
            y=sin(x)* 128;
            wave2=(int)y;
            wave2=wave2+128;
            if (wave2==256)
                wave2--;
            XBYTE[0Xfffe]=wave2;
            delay(100);
            if ((but2==0)||(but1==0))
                break;
        }
    }
}
//定时器 T0 的中断服务函数
void Time0(void) interrupt 1 using 0
{
    if(wave0==0)//方波的高低电平数字量切换,每 100 切换一次
        wave0=255;
    else
        wave0=0;
    XBYTE[0Xfffe]=wave0;
}
```

3. 改进后的仿真效果

改进后的波形发生器的锯齿波和正弦波波形仿真如图 2-43 和图 2-44 所示。

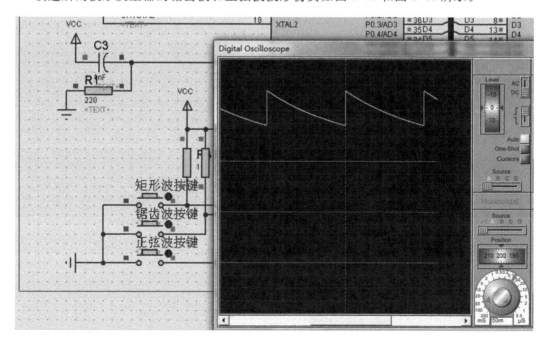

图 2-43　锯齿波仿真图

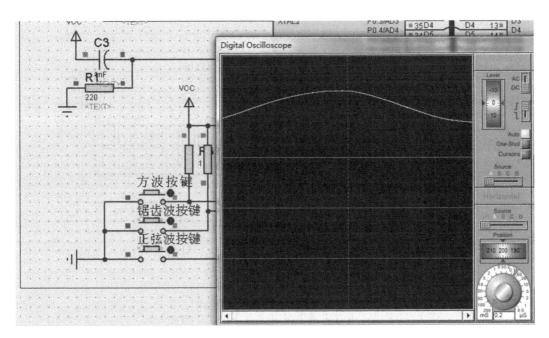

图 2-44　正弦波仿真图

LCD 液晶显示器的应用设计

◆　2.6.1　项目知识点

LCD 液晶显示器以其微功耗、体积小、显示内容丰富、超薄轻巧等优点,在袖珍式仪表和低功耗应用系统中得到越来越广泛的应用。

LCD 显示器模块的种类非常多,这里介绍的字符型液晶模块 1602 是一种用 5×7 点阵图形来显示字符的 LCD 显示器,该模块可以显示 2×16 个字符,所以得名 1602。LCD1602 显示器的外观如图 2-45 所示,其外形尺寸如图 2-46 所示。

图 2-45　LCD1602 显示器的外观

LCD1602 屏的主要技术参数:① 显示容量为 2×16 个字符;② 字符尺寸为 2.95 mm×4.35 mm;③ 芯片工作电压为 4.5 V～5.5 V;④ 工作电流为 2.0 mA(5.0 V)。

LCD1602 内部的控制器有 80 个字节的 RAM 缓冲区,当需要在显示器某位置上显示字符时,只需将要显示的字符代码输入对应的 RAM 缓冲区即可。缓冲区与显示字符的对应关系如图 2-47 所示。

LCD1602 内部的控制器中有一个状态字寄存器,其结构如图 2-48 所示。

状态字寄存器各位的含义如下。

● STA0～STA6:数据地址指针,存放液晶模块 RAM 缓冲区的地址。

● 最高位 STA7:忙标志位,对模块每次读写之前,都必须进行读写检测。当 STA7=1 时,表示忙,此时模块不能接收命令或者数据;当 STA7=0 时,表示不忙,可以接收命令或数据。

LCD1602 的 16 个引脚的符号及功能如表 2-3 所示。

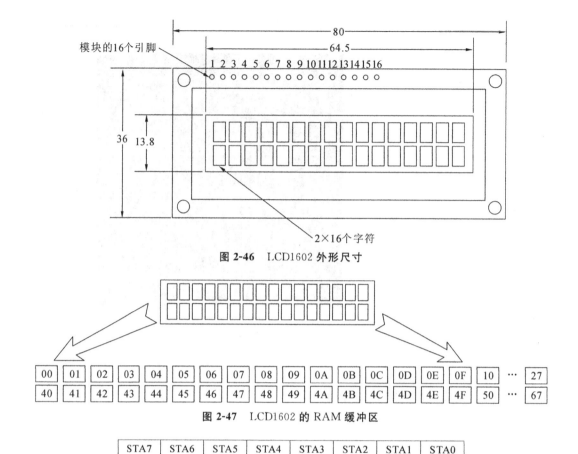

图 2-46　LCD1602 外形尺寸

图 2-47　LCD1602 的 RAM 缓冲区

| STA7 | STA6 | STA5 | STA4 | STA3 | STA2 | STA1 | STA0 |

图 2-48　LCD1602 的状态字寄存器

表 2-3　LCD1602 的引脚符号及功能

编　号	符　号	引脚说明	编　号	符　号	引脚说明
1	V_{SS}	电源地	9	D2	I/O
2	V_{DD}	电源正极	10	D3	I/O
3	V_L	液晶显示偏压	11	D4	I/O
4	RS	数据/命令选择	12	D5	I/O
5	R/$\overline{W}$	读/写选择	13	D6	I/O
6	E	使能信号	14	D7	I/O
7	D0	I/O	15	BLA	背光源正极
8	D1	I/O	16	BLK	背光源负极

　　表 2-3 中,RS 端和 R/$\overline{W}$ 端都为低电平时,可以写入指令或显示地址;当 RS 端为低电平且 R/$\overline{W}$ 为高电平时,可以读忙信号;当 RS 端为高电平且 R/$\overline{W}$ 为低电平时,可以写入数据。具体读/写操作的时序图如图 2-49 和图 2-50 所示。

　　LCD1602 的内部控制器共有 11 条控制指令,由这 11 条指令完成对其内部状态字的读取,写入指令及读写数据等操作,如表 2-4 所示。

　　(1) N=1:增量方式。N=0:减量方式。

　　(2) S=1:整屏移位。S=0:整屏不移位。

　　(3) D=1:显示开。D=0:显示关。

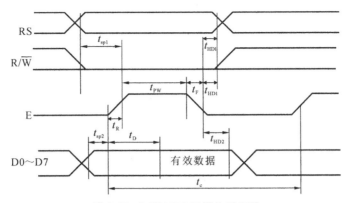

图 2-49 LCD1602 写操作时序图

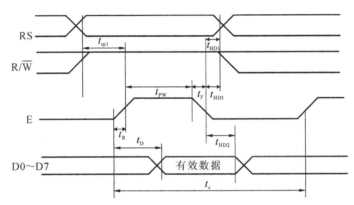

图 2-50 LCD1602 读操作时序图

（4）C=1:显示光标。C=0:不显示光标。

（5）B=1:光标所在字符闪烁。B=0:光标所在字符不闪烁。

（6）S/C=1:显示移位。S/C=0:光标移位。

（7）R/L=1:右移。R/L=0:左移。

（8）DL=1:8 位。DL=0:4 位。

（9）N=1:2 行。N=0:1 行。

（10）F=1:5×10 字体。F=0:5×7 字体。

（11）BF=1:执行内部操作。BF=0:可接收指令。

表 2-4 LCD1602 的控制指令

指　　令	RS	R/$\overline{\text{W}}$	D7	D6	D5	D4	D3	D2	D1	D0
清显示	0	0	0	0	0	0	0	0	0	1
光标返回	0	0	0	0	0	0	0	0	1	*
置输入模式	0	0	0	0	0	0	0	1	I/O	S
显示开/关控制	0	0	0	0	0	0	1	D	C	B
光标或字符移位	0	0	0	0	0	1	S/C	R/L	*	*
置功能	0	0	0	0	1	DL	N	F	*	*
置字符发生存储器地址	0	0	0	1	字符发生存储器地址（AGG）					
置数据存储器地址	0	0	1	显示数据存储器地址（ADD）						
读忙标志或地址	0	1	BF	计数器地址（AC）						

续表

指　　　令	RS	R/$\overline{W}$	D7	D6	D5	D4	D3	D2	D1	D0
写数据	1	0	将要写入的数							
读数据	1	1	读出的数							

LCD1602显示器在使用时应首先对其进行初始化,然后再进行数据的读写,其基本流程如图2-51所示。

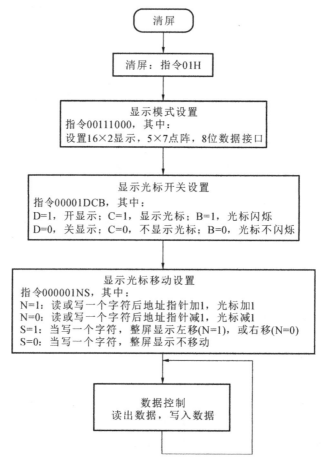

图 2-51　LCD1602 的编程过程

2.6.2　项目实施

1.任务要求

使用单片机、LCD1602等完成设计任务。单片机控制LCD1602显示器显示字符串"input your number",并且可以实时显示从矩阵键盘中键入的电话号码。

2.任务实施方案

项目的硬件电路原理图见图2-52,单片机的P1口连接LCD1602显示器的D0~D7引脚,单片机的P3.5、P3.6、P3.7引脚分别连接LCD1602屏的RS、R/$\overline{W}$、E引脚,单片机的P2口连接矩阵键盘。使用Keil软件进行程序的编辑、编译和调试,生成相应的HEX文件。

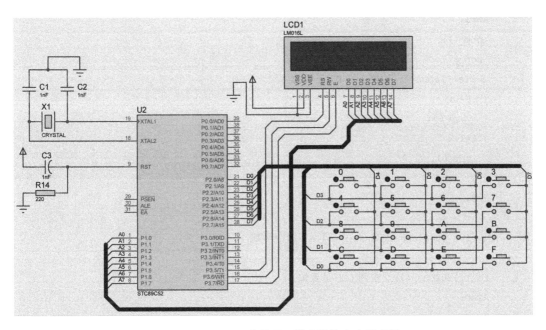

图 2-52 LCD1602 液晶显示器应用的电路原理图

3. 源程序

```
# include   "reg51.h"
# include   "intrins.h"
# include   "absacc.h"
sbit RS=P3^5;
sbit RW=P3^6;
sbit E=P3^7;
# define busy   0x80
# define uchar unsigned char
# define uint   unsigned int
uchar a[]={'0','1','2','3','4','5','6','7','8','9','a','b','c','d','e','f',};
void delay_LCM(uchar k)// 延时函数
{
    uint i,j;
    for(i=0;i<k;i++)
    {
        for(j=0;j<60;j++)
            {;}
    }
}
void test_1602busy()// 测忙函数
{
    P1=0xff;
    E=1;
    RS=0;
```

```
            RW=1;
           _nop_();
           _nop_();
           while(P1&busy)//检测 LCD D7 是否为 1
           {   E=0;
              _nop_();
             E=1;
              _nop_();
             }
           E=0;
    }
void write_1602Command(uchar co)//写命令函数
{
        test_1602busy();//检测 LCD 是否忙
        RS=0;
        RW=0;
         E=0;
        _nop_();
        P1=co;
        _nop_();
        E=1;//LCD 的使能端,高电平有效
        _nop_();
        E=0;
    }
void write_1602Data(uchar Data)//写数据函数
{
        test_1602busy();
        P1=Data;
        RS=1;
        RW=0;
        E=1;
        _nop_();
        E=0;
    }
void init_1602(void)//初始化函数
{
        write_1602Command(0x38);   //LCD 功能设定,DL=1(8 位),N=1(2 行显示)
        delay_LCM(5);
        write_1602Command(0x01);//清除 LCD 的屏幕
        delay_LCM(5);
        write_1602Command(0x06);//LCD 模式设定,I/D=1(计数地址加 1)
        delay_LCM(5);
        write_1602Command(0x0F);//显示屏幕
```

```
        delay_LCM(5);
}
void DisplayOneChar(uchar X,uchar Y,uchar DData)
{
    Y&=1;
    X&=15;
    if(Y)X|=0x40;                    //若 y 为 1(显示第二行),地址码+0X40
    X|=0x80;                         //指令码为地址码+0X80
    write_1602Command(X);
    write_1602Data(DData);
}
void display_1602(uchar * DData,X,Y)//显示函数
{
    uchar ListLength=0;
    Y&=0x01;
    X&=0x0f;
    while(X<16)
    {
        DisplayOneChar(X,Y,DData[ListLength]);
        ListLength++;
        X++;
    }
}
void delay(uint i)//延时程序
{   uint j;
    for (j=0;j<i; j++);
}
uchar checkkey()// 检测有没有键按下
{   uchar i;
    uchar j;
    j=0x0f;
    P2=j;
    i=P2;
    i=i&0x0f;
    if  (i==0x0f) return (0);
    else return (0xff);
}
uchar keyscan()//键盘扫描程序
{
    uchar scancode;
    uchar codevalue;
    uchar a;
    uchar m=0;
```

```
    uchar k;
    uchar i,j;
    if (checkkey()==0) return (0xff);
    else
    {  delay(100);
      if (checkkey()==0) return (0xff);
      else
      {
        scancode=0xf7;m=0x00;      //键盘行扫描初值,m为列数
        for (i=1;i<=4;i++)
        {
            k=0x10;
            P2=scancode;
            a=P2;
            for (j=0;j<4;j++)//j为行数
            {
              if ((a&k)==0)
              {
                codevalue=m+j;
                while (checkkey()!=0);
                return (codevalue);
              }
              else  k=k<<1;
            }
            m=m+4;
            scancode=~scancode;//为 scancode 右移时,移入的数为1
            scancode=scancode>>1;
            scancode=~scancode;
        }
      }
    }
}
void main() //主函数
{
    uchar * s;
    uchar z;
    uchar i=0,j=0;                 //i 为 LCD 的行,j 为 LCD 的列
    delay_LCM(15);
    init_1602();   //1602初始化
    s="INPUT TELENUMBER";
    display_1602(s,0,0); //第一行显示"INPUT TELENUMBER"
    delay_LCM(200);
    delay_LCM(200);
```

```
    delay_LCM(200);
    while(1)
    {
      if (checkkey()==0x00) continue;
      else
        {
          {i=1;          //LCD 在第二行显示
            z=keyscan();
            if (j>=16)
              {j=0;i=1;  break; }
            else
              DisplayOneChar(j,i,a[z]);
            j++;
            delay(100);
            }
        }
    }
}
```

4. 系统仿真效果

系统运行时,根据提示信息,输入所需要的电话号码,仿真效果如图 2-53 所示。

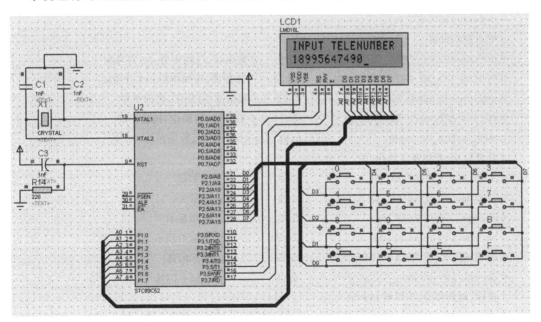

图 2-53 LCD1602 液晶显示器应用的仿真图

◆ 2.6.3   项目改进

1. 方案改进

在原有的方案基础上,LCD1602 液晶显示器上显示的字符可以进行移动,能够显示更多的内容,使得观看更加灵活。改进后的电路原理图如图 2-54 所示。

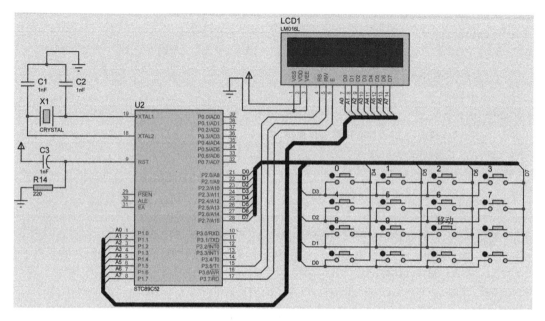

图 2-54　LCD1602 液晶显示器应用的改进电路原理图

2. 改进后的源程序

```
/* * * * * * * * * * LCD1602.h头文件* * * * * * * * * * * * * */
# ifndef _LCD1602_H_
# define _LCD1602_H_
//输入方式设置
# define LCD_AC_AUTO_INCREMENT      0x06      //数据读、写操作后,AC 自动增一
# define LCD_AC_AUTO_DECREASE       0x04      //数据读、写操作后,AC 自动减一
# define LCD_MOVE_ENABLE            0x05      //数据读、写操作,画面平移
# define LCD_MOVE_DISENABLE         0x04      //数据读、写操作,画面不动
# define LCD_GO_HOME                0x02      //AC=0,光标、画面回 HOME 位
//设置显示、光标及闪烁开、关
# define LCD_DISPLAY_ON             0x0C              //显示开
# define LCD_DISPLAY_OFF            0x08              //显示关
# define LCD_CURSOR_ON              0x0A              //光标显示
# define LCD_CURSOR_OFF             0x08              //光标不显示
# define LCD_CURSOR_BLINK_ON        0x09              //光标闪烁
# define LCD_CURSOR_BLINK_OFF       0x08              //光标不闪烁
//光标、画面移动,不影响 DDRAM
# define LCD_LEFT_MOVE              0x18              //LCD 显示左移一位
# define LCD_RIGHT_MOVE             0x1C              //LCD 显示右移一位
# define LCD_CURSOR_LEFT_MOVE       0x10              //光标左移一位
# defineLCD_CURSOR_RIGHT_MOVE       0x14              //光标右移一位 //工作方式设置
# define LCD_DISPLAY_DOUBLE_LINE    0x38              //两行显示
# define LCD_DISPLAY_SINGLE_LINE    0x30              //单行显示
# define LCD_CLEAR_SCREEN   0X01                      //清屏
```

```c
/* * * * * * * * * * * * * LCD1602地址相关* * * * * * * * * * * * * * */
#define LINE1_HEAD      0x80    //第一行 DDRAM 起始地址
#define LINE2_HEAD      0xc0    //第二行 DDRAM 起始地址
#define LINE1           0       //第一行
#define LINE2           1       //第二行
#define LINE_LENGTH     16      //每行的最大字符长度
/* * * * * * * * * * * * LCD1602接线引脚定义* * * * * * * * * * * * * */
#define LCDIO P1             //定义 P1 口与 LCD1602 的数据口相接
/* * * * * * * * * * * * * 另外相关的定义* * * * * * * * * * * * * * * * */
#define HIGH            1
#define LOW             0
#define TURE            1
#define  FALS           0
#define  uchar unsigned char
#define  uint  unsigned int
/* * * * * * * * * * * * 以下是函数的申明部分* * * * * * * * * * * * * */
void LCD_init(void);                       //LCD1602 初始化
void LCD_send_command(uchar command);
void LCD_send_data(uchar dat);
void LCD_write_char(uchar x,uchar y,uchar dat);
void LCD_disp_string(uchar x,uchar y,char * Data);
void LCD_disp_string2(uchar x,uchar y,char * Data);
void delay_ms(uint n);
void LCD_check_busy(void);
#endif
/* * * * * * * * * * * * 以下是主程序部分* * * * * * * * * * * * * * */
#include "lcd1602.h"
#include "reg51.h"
#include"intrins.h"
#include"absacc.h"
sbit   LCD_RS=P3^5;
sbit   LCD_RW=P3^6;
sbit   LCD_EN=P3^7;
sbit   LCD_BUSY=LCDIO^7;
void delay(uint i)//延时程序
{   uint j;
    for (j=0;j<i; j++);
}
uchar checkkey()//检测有没有键按下
{
uchar i;
    uchar j;
    j=0x0f;
```

```
            P2=j;
            i=P2;
            i=i&0x0f;
            if (i==0x0f) return (0);
            else return (0xff);
        }
    uchar keyscan()//键盘扫描程序
    {
        uchar scancode;
        uchar codevalue;
        uchar a;
        uchar m=0;
        uchar k;
        uchar i,j;
        if (checkkey()==0) return (0xff);
        else
        {   delay(100);
            if (checkkey()==0) return (0xff);
            else
            {
                scancode=0xf7;m=0x00;      //键盘行扫描初值,m 为列数
                for (i=1;i<=4;i++)
                {
                    k=0x10;
                    P2=scancode;
                    a=P2;
                    for (j=0;j<4;j++)//j 为行数
                    {
                        if ((a&k)==0)
                        {
                            codevalue=m+j;
                            while (checkkey()!=0);
                            return (codevalue);
                        }
                        else   k=k<<1;
                    }
                m=m+4;
                scancode=~scancode;//为 scancode 右移时,移入的数为 1
                scancode=scancode>>1;
                scancode=~scancode;
                }
            }
        }
    }
```

```
}
/* * * * * * * * * * 主函数 * * * * * * * * * * * * * * * * * * * * * * * * * /
uchar string[]="INPUT your phone  18995647490";                //这里是要显示的字符
void main(void)
{
 char * cp;
 cp=string;
 LCD_init();
 while(1)
 {
  if (checkkey()==0x00) continue;
  else
    if (keyscan()==0x0a)
      {
          while(1)
          {
            LCD_send_command(LCD_CLEAR_SCREEN);
            delay_ms(2);
            LCD_disp_string(0,0,cp);
            delay_ms(100);
            cp++;
            if(* cp=='\0')
            {
             cp=string;   //到达字符的尾部时,改变指针,重新指向字符串的头部
            }
            if (keyscan()==0x0b)
            {
                cp=string;
                break;
            }
          }
      }
  }
}
/* * * * * * * * * * * * * * * * * * * * * * * * * * * * * * * * * * * * * * /
/* * * * * * * * * LCD1602 的初始化 * * * * * * * * * * * * * * * /
void LCD_init(void)
{
 LCD_send_command(LCD_DISPLAY_DOUBLE_LINE);
 LCD_send_command(LCD_AC_AUTO_INCREMENT);
 LCD_send_command(LCD_MOVE_DISENABLE);
 LCD_send_command(LCD_DISPLAY_ON);
 // LCD_send_command(LCD_CURSOR_OFF);
```

```
LCD_send_command(LCD_CLEAR_SCREEN);
}
/* * * * * * * * * * * * * * * * * * * * * * * * * * * * * * * * * * * * * * * * * * /
void LCD_check_busy(void)  //检测 LCD 状态,看它是不是还在忙
{
 do
  {
   LCD_EN=0;
   LCD_RS=0;
   LCD_RW=1;
   LCDIO=0xff;
   LCD_EN=1;
  }while(LCD_BUSY==1);
   LCD_EN=0;
} /* * * * * * * * LCD1602 写命令 * * * * * * * * * * * * * * * * * * * * * /
void LCD_send_command(uchar command)
{
LCD_check_busy();
LCD_RS=LOW;
LCD_RW=LOW;
LCD_EN=HIGH;
LCDIO=command;
LCD_EN=LOW;
}
/* * * * * * * * * * * * * * * * * * * * * * * * * * * * * * * * * * * * * * * * * * /
/* * * * * * * * * * LCD1602 写数据 * * * * * * * * * * * * * * * * * * * * /
void LCD_send_data(uchar dat)
{
LCD_check_busy();
LCD_RS=HIGH;
LCD_RW=LOW;
LCD_EN=HIGH;
LCDIO=dat;
LCD_EN=LOW;
}
/* * * * * * * * * * * * * * * * * * * * * * * * * * * * * * * * * * * * * * * * * /
void LCD_write_char(uchar x,uchar y,uchar dat)
{
    unsigned char address;
    if (y==LINE1)
        address=LINE1_HEAD+x;
    else
        address=LINE2_HEAD+x;
```

```
      LCD_send_command(address);
    LCD_send_data(dat);
}
/* * * * * * * * * * LCD1602 显示字符串* * * * * * * * * * * * * */
void LCD_disp_string(uchar x,uchar y,uchar * Data)
{
if(y==LINE1)
{
  if(!x)  {
  LCD_send_command(LINE1_HEAD+x);
  for(;x<16;x++)  {
    LCD_send_data(* (Data++));
  }
  if(* Data!='\0')
  {
  x=0;
  y=LINE2;
  }
 }
}
if(y==LINE2)
{
 LCD_send_command(LINE2_HEAD+x);
 for(;;)
 {
 if (* Data=='\0')
   break;
 LCD_send_data(* (Data++));
 }
}
}
/* * * * * * * * * * * * * * * * * * * * * * * * * * * * * * * * */
/* * * * * * * * * * * * 延时函数* * * * * * * * * * * * * * * * */
/* * * * * * * * * * * * * * * * * * * * * * * * * * * * * * * * */
void delay_ms(uint n)
{
  uint i,j;
  for(i=n;i>0;i--)
    for(j=0;j<1140;j++)
     ;
}
```

3.改进后的仿真效果

方案改进后的仿真效果如图 2-55 所示,按下"移动"按键后,两行字符开始向左边进行移动。

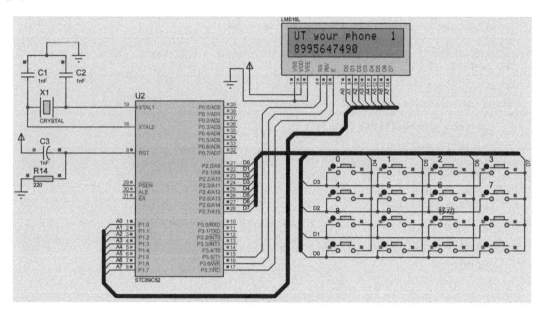

图 2-55　改进后的仿真效果图

2.7　步进电机控制系统设计

◆ ### 2.7.1　项目知识点

1.电机的分类

电机的分类方式有很多,从用途角度可分为驱动类电机和控制类电机。直流电机属于驱动类电机,这种电机是将电能转换成机械能,主要应用在电钻、小车轮子、电风扇、洗衣机等设备上。步进电机属于控制类电机,它是将脉冲信号转换成一个转动角度的电机,在非超载的情况下,电机的转速、停止的位置只取决于脉冲信号的频率和脉冲数,主要应用在自动化仪表、机器人、自动生产流水线、空调扇叶转动等设备。

步进电机又分为反应式步进电机、永磁式步进电机和混合式步进电机三种。

● 反应式步进电机:结构简单成本低,但是动态性能差、效率低、发热大、可靠性难以保证,所以现在基本已经被淘汰了。

● 永磁式步进电机:动态性能好、输出力矩较大,但误差相对较大,因其价格低而广泛应用于消费性产品。

● 混合式步进电机:综合了反应式步进电机和永磁式步进电机的优点,力矩大、动态性能好、步距角小,精度高,但是结构相对来说比较复杂,价格也相对较高,主要应用于工业控制领域。

2.28BYJ-48 型步进电机

28BYJ-48 是设计中经常用到的一款步进电机,其型号中包含的具体含义如下。

- ●28——步进电机的有效最大外径是 28 毫米。
- ●B——步进电机。
- ●Y——永磁式。
- ●J——减速型。
- ●48——四相八拍。

28BYJ-48 型步进电机的外观如图 2-56 所示,其内部结构示意图如图 2-57 所示。步进电机的内圈上面有 6 个齿,分别标注为 0~5,称为转子,顾名思义,它是要转动的,转子的每个齿上都带有永久的磁性,是一块永磁体,这就是"永磁式"的概念。电机的外圈是定子,它是保持不动的,实际上它是跟电机的外壳固定在一起的,它上面有 8 个齿,而每个齿上都缠绕着一个线圈绕组,正对着的 2 个齿上的绕组是串联在一起的,它们总是会同时导通或关断,如此就形成了四相,在图中分别标注为 A、B、C、D,这就是"四相"的概念。

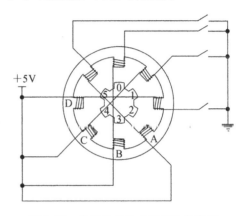

图 2-56　28BYJ-48 型步进电机的外观图　　图 2-57　步进电机的内部结构示意图

假定电机的起始状态如图 2-57 所示,逆时针方向转动,起始时是 B 相绕组的开关闭合,B 相绕组导通,那么导通电流就会在正上和正下两个定子齿上产生磁性,这两个定子齿上的磁性就会对转子上的 0 和 3 号齿产生最强的吸引力,就会如图 2-57 所示的那样,转子的 0 号齿在正上、3 号齿在正下而处于平衡状态;此时就会发现,转子的 1 号齿与右上的定子齿也就是 C 相的一个绕组呈现一个很小的夹角,2 号齿与右边的定子齿也就是 D 相绕组呈现一个稍微大一点的夹角,很明显这个夹角是 1 号齿和 C 绕组夹角的 2 倍,同理,左侧的情况也是一样的。

接下来,把 B 相绕组断开,而使 C 相绕组导通,那么很明显,右上的定子齿将对转子 1 号齿产生最大的吸引力,而左下的定子齿将对转子 4 号齿产生最大的吸引力,在这个吸引力的作用下,转子 1、4 号齿将对齐到右上和左下的定子齿上而保持平衡,如此,转子就转过了起始状态时 1 号齿和 C 相绕组那个夹角的角度。

再接下来,断开 C 相绕组,导通 D 相绕组,过程与上述的情况完全相同,最终将使转子 2、5 号齿与定子 D 相绕组对齐,转子又转过了上述同样的角度。

那么很明显,当 A 相绕组再次导通,即完成了一个 B→C→D→A 的四节拍操作后,转子的 0、3 号齿将由原来的对齐到上下 2 个定子齿,而变为了对齐到左上和右下的两个定子齿上,即转子转过了一个定子齿的角度。依此类推,再进行一个四节拍操作,转子就将再转过一个齿的角度,8 个四节拍以后转子将转过完整的一圈,而其中单个节拍使转子转过的角度就很容易计算出来了,即 360°/(8×4)＝11.25°,这个值就称为步进角度。而上述这种工作模式就是步进电机的单四拍模式——单相绕组通电四节拍。

如果希望步进电机具有更优性能的工作模式，那就需要在单四拍的每两个节拍之间再插入一个双绕组导通的中间节拍，组成八拍模式。例如，在从 B 相导通到 C 相导通的过程中，假如一个 B 相和 C 相同时导通的节拍，这个时候，由于 B、C 两个绕组的定子齿对它们附近的转子齿同时产生相同的吸引力，这将导致这两个转子齿的中心线对齐到 B、C 两个绕组的中心线上，也就是新插入的这个节拍使转子转过了上述单四拍模式中步进角度的一半，即 5.625 度。这样一来，就使转动精度增加了一倍，而转子转动一圈则需要 8×8＝64 拍。另外，新增加的这个中间节拍，还会在原来单四拍的两个节拍吸引力之间又增加了一个吸引力，从而可以大大增加电机的整体扭力输出，使电机更"有劲"了。

除了上述的单四拍和八拍的工作模式外，还有一个双四拍的工作模式——双绕组通电四节拍。其实就是把八拍模式中的两个绕组同时通电的那个四拍单独拿出来，而舍弃单绕组通电的那四拍。其步进角度与单四拍相同，但由于它是两个绕组同时导通，所以扭矩会比单四拍模式大。

八拍模式是这类四相步进电机的最佳工作模式，能最大限度的发挥电机的各项性能，也是绝大多数实际工程中所选择的模式。

28BYJ-48 型步进电机一共有 5 根引线，其中红色的是公共端，连接到 5 V 电源，接下来的橙、黄、粉、蓝就对应了 A、B、C、D 相。如果要导通 A 相绕组，就只需将橙色线接地即可，B 相则黄色接地，依此类推；再根据上述单四拍和八拍工作过程的讲解，可以得出下面的绕组控制顺序表，如表 2-5 所示。

表 2-5　八拍模式绕组控制顺序表

	1	2	3	4	5	6	7	8
P1-红	VCC	VCC	VCC	VCC	VCC	VCC	VCC	VCC
P2-橙	GND	GND						GND
P3-黄		GND	GND	GND				
P4-粉				GND	GND	GND		
P5-蓝						GND	GND	GND

表 2-6 是厂家提供的 28BYJ-48 型步进电机参数表。

表 2-6　28BYJ-48 型步进电机参数表

供电电压	相　数	相电阻/Ω	步进角度	减　速　比	启动频率(P.P.S)	转矩/(g·cm)	噪声/dB	绝缘介电强度
5V	4	50±10%	5.625/64	1:64	≥550	≥300	≤35	600VAC

3. 步进电机的驱动

由于单片机自身的驱动能力有限，一般大一点的负载要加三极管驱动或者三极管配合其他开关管控制负载，但是驱动步进电机的话一般需要专门的驱动芯片，如果步进电机的功率非常小的话可以用驱动能力大一点的主 IC 驱动，但是步进电机一般功率不会很小，因此应使用专门的驱动器来驱动步进电机。因为步进电机的驱动不仅涉及控制部分，同时还涉及功率驱动部分，最重要的还是电机保护电路，这也是为了电机以及整体电路的可靠性设计考虑。

常用的步进电机驱动芯片是 ULN2003A，它是一种七路高耐压、大电流达林顿晶体管驱动 IC,多用于单片机、智能仪表、PLC、数字量输出卡等控制电路。在继电器驱动、显示驱动、电磁阀驱动、伺服电机以及步进电机驱动电路中会经常用到。ULN2003A 常见的封装有 DIP-16、SOP-16、TSSOP-16 三种,如图 2-58 所示,而ULN2003A 一般的封装为 DIP-16 或者 SOP-16。它有 16 个引脚,1 到 7 是输入引脚,10 到 16 是输出引脚,8 号引脚是接地端,9 号引脚是钳位二极管公共端。

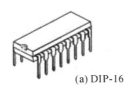
(a) DIP-16

(b) SOP-16

(c) TSSOP-16

图 2-58 ULN2003A 封装图

ULN2003A 的特点如下。

● 内部包含七个独立的达林顿管驱动电路,单个达林顿管集电极可输出 500 mA 电流。

● 电路内部有续流二极管,可用于驱动继电器、步进电机等电感性负载。

● 每一路达林顿管串联一个 2.7 kΩ 的基极电阻,在 5 V的工作电压下可直接与 TTL/CMOS 电路连接,输入兼容 TTL/CMOS 的逻辑信号。

● 耐高压,V_{CE} 最高可达 50 V。

2.7.2 项目实施

1. 任务要求

使用单片机、28BYJ-48 型步进电机完成任务。由单片机控制 28BYJ-48 型步进电机进行转动。

2. 任务实施方案

项目的硬件电路原理图见图 2-59,单片机的 P0 口通过 ULN2003A 芯片连接 28BYJ-48型步进电机,单片机的 P1.0、P1.1、P1.2、P1.3 引脚连接"开始"、"正转"、"反转"、"停止"按键。使用 Keil 软件进行程序的编辑、编译和调试,生成相应的 HEX 文件。

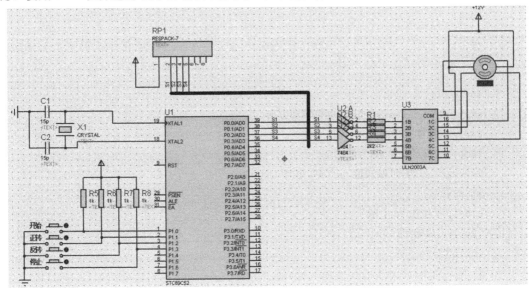

图 2-59 步进电机控制电路原理图

3. 源程序

```c
#include<reg52.h>
sbit KEY_IN_1=P1^0;
sbit KEY_IN_2=P1^1;
sbit KEY_IN_3=P1^2;
sbit KEY_IN_4=P1^3;
signed long beats=0; //电机转动节拍总数
/* * * * * * * * * * * 延时函数* * * * * * * * * * * /
void delay(unsigned char i)
{
    unsigned int j,k;
    for(j=i;j>0;j--)
        for(k=125;k>0;k--);
}
/* 步进电机启动函数,angle 表示需转过的角度 */
void StartMotor(signed long angle)
{
//在计算前关闭中断,完成后再打开,以避免中断打断计算过程而造成错误
    EA=0;
    beats=(angle*4076)/360; //实测为 4076 拍转动一圈
    EA=1;
}
/* 步进电机停止函数*/
void StopMotor()
{
    EA=0;
    beats=0;
    EA=1;
}
void main()
{
    int i=0;
    static bit dirMotor=0; //电机转动方向
    EA=1; //使能总中断
    TMOD=0x01; //设置 T0 为模式 1
    TH0=0xFC; //为 T0 赋初值 0xFC67,定时 1ms
    TL0=0x67;
    ET0=1; //使能 T0 中断
    TR0=1; //启动 T0
    while (1)
    {
        if(KEY_IN_1==0)
```

```
{
    delay(10);
    if(KEY_IN_1==0)
      {
        if (i==10)
          i=0;
        else
          i++;
        if((i>=0)&&(i<=9))  //控制电机转动 1～9 圈
        {
          if (dirMotor==0)
            StartMotor(360*i);
          else
            StartMotor(-360*i);
        }
      }
    }
    if(KEY_IN_2==0)
    {
        delay(10);
        if(KEY_IN_2==0)
          {
            dirMotor=0;  //调用按键动作函数
          }
    }
    if(KEY_IN_3==0)
    {
      delay(10);
      if(KEY_IN_3==0)
          {
            dirMotor=1;  //调用按键动作函数
          }
    }
    if(KEY_IN_4==0)
    {
      delay(10);
      if(KEY_IN_4==0)
          {
            StopMotor();  //调用按键动作函数
          }
    }
  }
}
}
```

```c
/* 电机转动控制函数 */
void TurnMotor()
{
    unsigned char tmp;
    static unsigned char index=0; // 节拍输出索引
    unsigned char code BeatCode[8]={0xE,0xC,0xD,0x9,0xB,0x3,0x7,0x6};
    // 步进电机节拍对应的 IO 控制代码
    if(beats !=0) // 节拍数不为 0 则产生一个驱动节拍
    {
        if(beats >0) // 节拍数大于 0 时正转
        {
            index++; // 正转时节拍输出索引递增
            index=index & 0x07; // 用 & 操作实现到 8 归零
            beats--; // 正转时节拍计数递减
        }
        else // 节拍数小于 0 时反转
        {
            index--; // 反转时节拍输出索引递减
            index=index & 0x07; // 用 & 操作同样可以实现到-1 时归 7
            beats++; // 反转时节拍计数递增
        }
        tmp=P0; // 用 tmp 把 P0 口当前值暂存
        tmp=tmp & 0xF0; // 用 & 操作清零低 4 位
        tmp=tmp |~BeatCode[index]; // 用|操作把节拍代码写到低 4 位
        P0=tmp; // 把低 4 位的节拍代码和高 4 位的原值送回 P0
    }
    else // 节拍数为 0 则关闭电机所有的相
    {
        P0=P0 | 0x0F;
    }
}
/* T0 中断服务函数,用于电机转动控制 */
void InterruptTimer0() interrupt 1
{
    static bit div=0;
    TH0=0xFC; // 重新加载初值
    TL0=0x67;
    // 用一个静态 bit 变量实现二分频,即 2ms 定时,用于控制电机
    div=~div;
    if(div==1)
    {
        TurnMotor();
    }
}
```

4. 系统仿真效果

步进电机控制系统的运行仿真如图 2-60 所示。

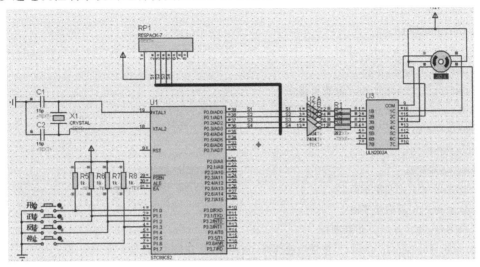

图 2-60　步进电机控制电路仿真效果图

2.7.3　项目改进

1. 方案改进

在原有的方案基础上，增加 LCD12864 液晶屏，通过液晶屏能够显示当前步进电机的运行状态。另外增加"加速"、"减速"按钮，用于控制步进电机的转速。改进后的电路原理图如图 2-61 所示。

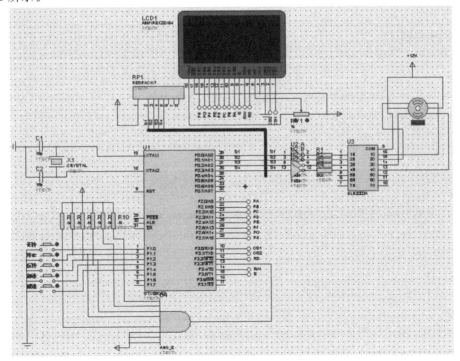

图 2-61　改进后的可调速步进电机电路原理图

2. 改进后的源程序

```c
#include<AT89X51.h>
#include<stdio.h>
#include<math.h>
#define uc unsigned char
#define ui unsigned int
#define LCDPAGE 0xB8 //设置页指令
#define LCDLINE 0x40    //设置列指令
sbit E=P3^5;
sbit RW=P3^4;
sbit RS=P3^2;
sbit L=P3^1; //左半平面
sbit R=P3^0; //右半平面
sbit Busy=P2^7;  //  //忙判断位
uc scan_key1,scan_key2;//按键功能选择,00停止,01正转,10反转
uc step1;step2;
static   step_index;
ui count1,count2;        //定时
uc butter; //按键
static   speed;//速度参数
uc code WU[]=
{   //;武
0x20,0x20,0x24,0x24,0x24,0xA4,0x24,0x24,0x20,0xFF,0x20,0x22,0x2C,0x20,0x20,0x00,
0x40,0xC0,0x7E,0x40,0x40,0x3F,0x22,0x22,0x20,0x03,0x0C,0x10,0x20,0x40,0xF8,0x00,
};
uc code CANG[]=
{
//昌
0x00,0x00,0x00,0x7F,0x49,0x49,0x49,0x49,0x49,0x49,0x49,0x7F,0x00,0x00,0x00,0x00,
0x00,0x00,0xFF,0x49,0x49,0x49,0x49,0x49,0x49,0x49,0x49,0x49,0xFF,0x00,0x00,0x00,
};
uc code SHOU[]=
{
//首
0x04,0x04,0xE4,0x25,0x26,0x34,0x2C,0x24,0x24,0x24,0x26,0x25,0xE4,0x04,0x04,0x00,
0x00,0x00,0xFF,0x49,0x49,0x49,0x49,0x49,0x49,0x49,0x49,0x49,0xFF,0x00,0x00,0x00,
};
uc YI[]=
{
//义
0x00,0x00,0x0C,0x30,0xC0,0x00,0x01,0x06,0x00,0x80,0x70,0x0E,0x00,0x00,0x00,0x00,
0x80,0x80,0x40,0x40,0x20,0x11,0x0A,0x04,0x0A,0x11,0x20,0x40,0x40,0x80,0x80,0x00,
```

```
};
uc code XUE[]=
{
//学
0x40,0x30,0x11,0x96,0x90,0x90,0x91,0x96,0x90,0x90,0x98,0x14,0x13,0x50,0x30,0x00,
0x04,0x04,0x04,0x04,0x04,0x44,0x84,0x7E,0x06,0x05,0x04,0x04,0x04,0x04,0x04,0x00,
};
uc YUAN[]=
{
//院
0x00,0xFE,0x22,0x5A,0x86,0x10,0x0C,0x24,0x24,0x25,0x26,0x24,0x24,0x14,0x0C,0x00,
0x00,0xFF,0x04,0x08,0x07,0x80,0x41,0x31,0x0F,0x01,0x01,0x3F,0x41,0x41,0x71,0x00,
};
uc code XIN[]=//信息系
{
0x00,0x80,0x60,0xF8,0x07,0x00,0x04,0x24,0x24,0x25,0x26,0x24,0x24,0x24,0x04,0x00,
0x01,0x00,0x00,0xFF,0x00,0x00,0x00,0xF9,0x49,0x49,0x49,0x49,0x49,0xF9,0x00,0x00,
};
uc code XI[]=
{
0x00,0x00,0x00,0xFC,0x54,0x54,0x56,0x55,0x54,0x54,0x54,0xFC,0x00,0x00,0x00,0x00,
0x40,0x30,0x00,0x03,0x39,0x41,0x41,0x45,0x59,0x41,0x41,0x73,0x00,0x08,0x30,0x00,
};
uc code XII[]=
{
0x00,0x00,0x22,0x32,0x2A,0xA6,0xA2,0x62,0x21,0x11,0x09,0x81,0x01,0x00,0x00,0x00,
0x00,0x42,0x22,0x13,0x0B,0x42,0x82,0x7E,0x02,0x02,0x0A,0x12,0x23,0x46,0x00,0x00,
};
uc code CHANG[]=//常
{
0x20,0x18,0x08,0x09,0xEE,0xAA,0xA8,0xAF,0xA8,0xA8,0xEC,0x0B,0x2A,0x18,0x08,0x00,
0x00,0x00,0x3E,0x02,0x02,0x02,0x02,0xFF,0x02,0x02,0x12,0x22,0x1E,0x00,0x00,0x00,
};
uc code YUN[]=    //运
{
0x40,0x41,0xCE,0x04,0x00,0x20,0x22,0xA2,0x62,0x22,0xA2,0x22,0x22,0x22,0x20,0x00,
0x40,0x20,0x1F,0x20,0x28,0x4C,0x4A,0x49,0x48,0x4C,0x44,0x45,0x5E,0x4C,0x40,0x00,
};
uc code XING[]=   //行
{
0x10,0x08,0x84,0xC6,0x73,0x22,0x40,0x44,0x44,0x44,0xC4,0x44,0x44,0x44,0x40,0x00,
0x02,0x01,0x00,0xFF,0x00,0x00,0x00,0x00,0x40,0x80,0x7F,0x00,0x00,0x00,0x00,0x00,
};
```

```
uc code ZHENG[ ]=
{
//正
0x00,0x02,0x02,0xC2,0x02,0x02,0x02,0x02,0xFE,0x82,0x82,0x82,0x82,0x82,0x02,0x00,
0x20,0x20,0x20,0x3F,0x20,0x20,0x20,0x20,0x3F,0x20,0x20,0x20,0x20,0x20,0x20,0x00,
};
uc code ZHUAN[ ]=
{
//转
0xC8,0xA8,0x9C,0xEB,0x88,0x88,0x88,0x40,0x48,0xF8,0x4F,0x48,0x48,0x48,0x40,0x00,
0x08,0x08,0x04,0xFF,0x04,0x04,0x00,0x02,0x0B,0x12,0x22,0xD2,0x0E,0x02,0x00,0x00,
};
uc code FAN[ ]=
{  //反
0x00,0x00,0xFE,0x12,0x72,0x92,0x12,0x12,0x12,0x11,0x91,0x71,0x01,0x00,0x00,0x00,
0x40,0x30,0x4F,0x40,0x20,0x21,0x12,0x0C,0x0C,0x12,0x11,0x20,0x60,0x20,0x00,0x00,
};
uc code TING[]=
{  //停
0x80,0x40,0x20,0xF8,0x07,0x02,0x04,0x74,0x54,0x55,0x56,0x54,0x74,0x04,0x04,0x00,
0x00,0x00,0x00,0xFF,0x00,0x03,0x01,0x05,0x45,0x85,0x7D,0x05,0x05,0x05,0x03,0x00,
};
uc code ZHI[ ]=
{  //止
0x00,0x00,0x00,0x00,0xF0,0x00,0x00,0x00,0xFF,0x40,0x40,0x40,0x40,0x40,0x00,0x00,
0x40,0x40,0x40,0x40,0x7F,0x40,0x40,0x40,0x7F,0x40,0x40,0x40,0x40,0x40,0x40,0x00,
};
uc code JIA[]=//加
{
0x00,0x08,0x08,0x08,0xFF,0x08,0x08,0xF8,0x00,0xF8,0x08,0x08,0x08,0xF8,0x00,0x00,
0x40,0x20,0x18,0x07,0x00,0x20,0x40,0x3F,0x00,0x7F,0x10,0x10,0x10,0x3F,0x00,0x00,
};
uc codeSU[]=//速
{
0x40,0x42,0xCC,0x00,0x04,0xE4,0x24,0x24,0xFF,0x24,0x24,0x24,0xE4,0x04,0x00,0x00,
0x40,0x20,0x1F,0x20,0x48,0x49,0x45,0x43,0x7F,0x41,0x43,0x45,0x4D,0x40,0x40,0x00,
};
uc code JIAN[]=   //减
{
0x00,0x02,0xEC,0x00,0xF8,0x28,0x28,0x28,0x28,0x28,0xFF,0x08,0x8A,0xEC,0x48,0x00,
0x02,0x5F,0x20,0x18,0x07,0x00,0x1F,0x49,0x5F,0x20,0x13,0x0C,0x13,0x20,0x78,0x00,
};
//输出空白区域
```

```
uc code BAI[]=
{
0x00,0x00,0x00,0x00,0x00,0x00,0x00,0x00,0x00,0x00,0x00,0x00,0x00,0x00,0x00,0x00,
0x00,0x00,0x00,0x00,0x00,0x00,0x00,0x00,0x00,0x00,0x00,0x00,0x00,0x00,0x00,0x00,
};
uc code DI[]=      //低
{
0x40,0x20,0xF0,0x0C,0x07,0x02,0xFC,0x44,0x44,0x42,0xFE,0x43,0x43,0x42,0x40,0x00,
0x00,0x00,0x7F,0x00,0x00,0x00,0x7F,0x20,0x10,0x28,0x43,0x0C,0x10,0x20,0x78,0x00,
};
// / / / / / / / / / / 函数声明 * * * * * * * * * * // / / / /
// * * * * * * * * * * * * * * * * * * * * * * * * * * * * * *
void iniLCD(void);
void chkbusy(void);
void wcode(uc cd);
void wdata(uc dat);
void disrow(uc page,uc col,uc * temp);
void display(ucpage,uc col,uc * temp);
void ground(step);                          //转步
void run1();                                //正转
void run2();
void stop();
void delay(ui time);
// * * * * * * * * * * * * * * * * * * * * * * * * * * * *
// * * * * * * * * * * LCD初始化 * * * * * * * * * * *
// * * * * * * * * * * * * * * * * * * * * * * * * * * * * *
void iniLCD(void)                           //初始化
{L=1;R=1;
  wcode(0x38);
  wcode(0x0f);                              //开显示设置
  wcode(0xc0);                              //设置显示启动为第一行
  wcode(0x01);                              //清屏
  wcode(0x06);                              //画面不动,光标右移
}
// * * * * * * * * * * LCD判断忙的子程序* * * * * * * * * *
// * * * * * * * * * * * * * * * * * * * * * * * * * * * * * * * * * 8
void chkbusy(void)                          //测 LCD 忙状态
{
  E=1;                                      //使能 LCD
  RS=0;                                     //读写指令
  RW=1;                                     //读
  P2=0xff;       //读操作前先进行一次空读操作,接下来才能读到数据
  while(!Busy);                             //等待,不忙退出
```

```
}
//* * * * * * * * * * * * * * * * * * * * * * * * * * *
//* * * * * * * * * * * 写指令代码* * * * * * * * * * *
//* * * * * * * * * * * * * * * * * * * * * * * * * * * * * *
void wcode(uc cd)                 //写指令代码
{
   chkbusy();                      //写等待
   P2=0xff;                        //使能 LCD
   RW=0;                           //读禁止
   RS=0;                           //输出设置
   P2=cd;                          //写数据代码
   E=1;                            //以下两句产生下降沿
   E=0;
}
//* * * * * * * * * * 把显示数据写到内存单元中 * * * * * * * * *
void wdata(uc dat)                //写显示数据
{
   chkbusy();                      //写等待
   P2=0xff;                        //使能 LCD
   RW=0;                           //读禁止
   RS=1;                           //输出设置
   P2=dat;                         //写数据代码
   E=1;                            //以下两句产生下降沿
   E=0;
}
//* * * * * * * * * * * * * * * * * * * * * * * * * * * * * *
//* * * * * * * * 显示 LCD程序* * * * * * * * * * * *
//* * * * * * * * * * * * * 可以更改程序中的 64 变为 32 就可以输出数字* * * * * *
//* * * * * * * * * * * * * * * * * * * * * * * * * * * * * * * * * * * *
void  disrow(uc page,uc col,uc * temp)
{
   uc i;
   if(col<64)                      //左半平面
   {
      L=1;R=0;
      wcode(LCDPAGE+page);         //写指令页
      wcode(LCDLINE+col);          //写指令行
      if((col+16)<64)              //如果字在左半平面显示不了,转到右半平面去
      {
         for(i=0;i<16;i++)         //写字
         wdata(*(temp+i));
      }
```

```
        else                    //右半平面
        {
        for(i=0;i<64-col;i++)            //减去左边数,从右半平面第一位开始显示
        wdata(* (temp+i));                        //写字显示
        L=0;R=1;                        //右半平面
            wcode(LCDPAGE+page);                        // 写指令页
            wcode(LCDLINE);                        //写指令行
        for(i=64-col;i<16;i++)                        //写字右半平面
        wdata(* (temp+i));
            }
    }
    else
    {
      L=0;R=1;
      wcode(LCDPAGE+page);                // 写指令页
      wcode(LCDLINE+col-64);                //写指令行
      for(i=0;i<16;i++)                //写字
      wdata(* (temp+i));
        }
}
//* * * * * * * * * * * * 供调用 * * * * 子程序 * * * * * * * * * * * * * *
//* * * * * * * * * * * * * * * * * * * * * * * * * * * * * * * * *
void  display(uc page,uc col,uc * temp)
{
        disrow(page,col,temp);            //显示上半字
        disrow(page+1,col,temp+16);            //显示下半字
}
//* * * * * * * * * * 主 * * * 控 * * * * 程 * * * * * * * 序 * * * * * * * * * *
void main(void)
{
  P2=0xff;
  iniLCD();                    //初始化 LCD
  display(0,0x00,&WU);                //武
  display(0,0x10,&CANG);                //昌
  display(0,0x20,&SHOU);                //首
  display(0,0x30,&YI);                //义
  display(0,0x40,&XUE);                //学
  display(0,0x50,&YUAN);                //院
  display(2,0x00,&XIN);                //信
  display(2,0x10,&XI);                //息
  display(2,0x20,&XII);                //系
  step2=0;
  step1=0;
```

```
            P1=0xff;
            P0=0;
            EX1=1;
            EA=1;                                          // 开中断
            speed=2010;
            while(1)
            {
              if((scan_key1==1) &(scan_key2==0))           // 正转
              {
                display(6,0x00,&ZHENG);                    // LCD 显示
                display(6,0x10,&ZHUAN);
                ground(step_index);
                delay(speed);
                step_index++;           // 大于 7,从头再来
                if(step_index>7)
                    step_index=0;
            }
            if((scan_key1==0)&(scan_key2==1) )             // 反转
            {
                ground(step_index);
                display(6,0x00,&FAN);                      // LCD 显示
                display(6,0x10,&ZHUAN);
                delay(speed);
                step_index--;
                if(step_index<0)        // 小于 0,从头再来
                  step_index=7;
            }
            if(scan_key1==0&scan_key2==0)
            {
                display(6,0x00,&TING);                     // 停止
                display(6,0x10,&ZHI);
                display(6,0x20,&BAI);
                display(6,0x30,&BAI);
                P0=0xff;
            }
            if(step1==1&step2==0)
            {
                speed=speed-100;
                if(speed<200|speed==200)
                { speed=200;
                  display(6,0x20,&ZHENG);
                  display(6,0x30,&CHANG);
                  display(6,0x40,&YUN);
```

```
        display(6,0x50,&XING);
        }
      else//加速
        {
      display(6,0x20,&JIA);
      display(6,0x30,&SU);
        }
      }
    if(step1==0&step2==1)
      {
     speed=speed+100;
     if(speed>2500|speed==2500)
     { speed=2500;
      display(6,0x20,&DI);
      display(6,0x30,&SU);
      display(6,0x40,&YUN);
      display(6,0x50,&XING);
      }
      else
      {
      display(6,0x20,&JIAN);          //减速
      display(6,0x30,&SU);
      }
     }
  }
}
//* * * * * * * * * * * * * * * * * * * * * * * * * * * * * * * *
//* * * * * * * * * * * * * 延时子程序* * * * * * * * * *
//* * * * * * * * * * * * * * * * * * * * * * * * * * * * * * * *
void delay(ui time)                      //延时子程序
{ for (count1=0;count1<time;count1++)
  for(count2=0;count2<3;count2++);
}
//* * * * * * * * * * * * * * * * * * * * * * * * * * * * * * * * *
//* * * * * * * * * * 按键处理程序* * * * * * * * * * * * * * *
//* * * * * * * * * * * * * * * * * * * * * * * * * * * * * * * * *
void key(void) interrupt 2
{
  uc i;
  for(i=0;i<200;i++);    //延时防抖
  if(P3_3==0)
   {
  butter=~ P1;
```

```
      switch(butter)
        {case 0x01:     scan_key1=1;scan_key2=0; break;          //正常运行
         case 0x02:     scan_key1=0;scan_key2=0;break;           //停止
         case 0x04:     scan_key1=0;scan_key2=1; break;          //加速
         case 0x08:     step1=1;step2=0;break;                   //减速
         case 0x10:     step1=0;step2=1;break;                   //正转
         default:       ;                                        //其他值返回
        }
      }
    P1=0XFF;
}
//* * * * * * * * * * * * * * * * * * * * * * * * * * * * * * * *
//* * * * * * * * * * * * * * 转步* * * * * * * * * * * * * * * *
//* * * * * * * * * * * * * * * * * * * * * * * * * * * * * * * * *
void ground(step_index) //转步
{
    switch(step_index)
    {
      case 0: // 0
        P0_0=1;
        P0_1=0;
        P0_2=0;
        P0_3=0;
        break;
        case 1: // 0,1
        P0_0=1;
        P0_1=1;
        P0_2=0;
        P0_3=0;
        break;
        case 2: // 1
        P0_0=0;
        P0_1=1;
        P0_2=0;
        P0_3=0;
        break;
        case 3: // 1,2
        P0_0=0;
        P0_1=1;
        P0_2=1;
        P0_3=0;
        break;
        case 4: // 2
```

```
        P0_0=0;
        P0_1=0;
        P0_2=1;
        P0_3=0;
        break;
        case 5://2,3
        P0_0=0;
        P0_1=0;
        P0_2=1;
        P0_3=1;
        break;
        case 6://3
        P0_0=0;
        P0_1=0;
        P0_2=0;
        P0_3=1;
        break;
        case 7://3,0
        P0_0=1;
        P0_1=0;
        P0_2=0;
        P0_3=1;
    }
}
```

3. 改进后的仿真效果

系统运行时,根据需要,确定步进电机的转速和转向,仿真效果如图 2-62、图 2-63 和图 2-64 所示。

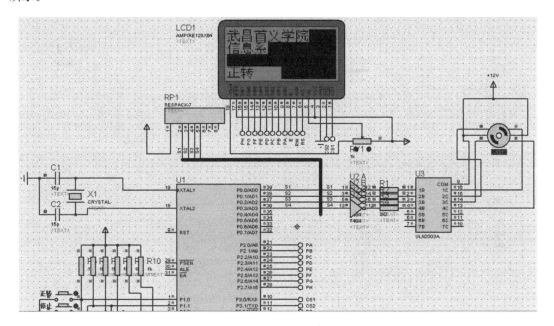

图 2-62 28BYJ-48 型步进电机正转仿真图

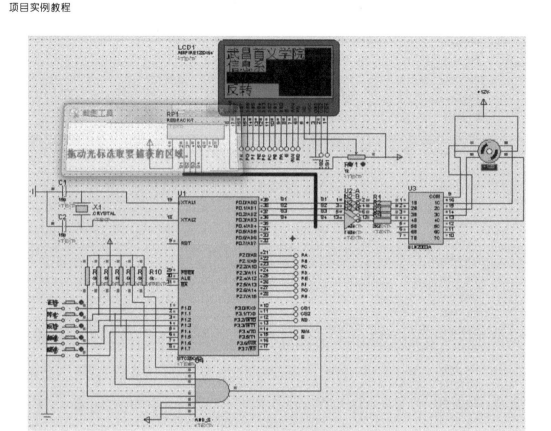

图 2-63　28BYJ-48 型步进电机反转仿真图

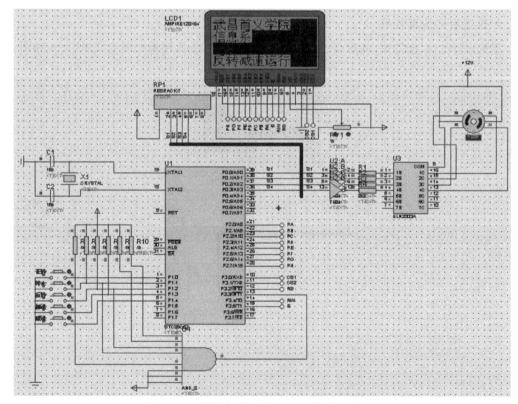

图 2-64　28BYJ-48 型步进电机反转减速仿真图

设计小贴士

使用 LCD12864 时,如果液晶屏不带字库,则在使用取模软件时,应设置"取模方式"为"行列式",如图 2-65 所示。如果液晶屏带字库,应设置"取模方式"为"逐行式",如图 2-66 所示。

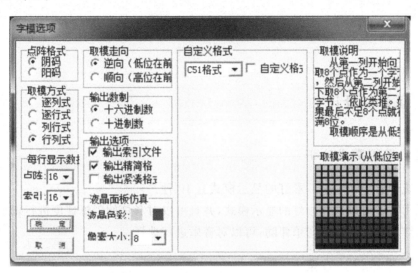

图 2-65 LCD12864 不带字库的取模方式

图 2-66 LCD12864 带字库的取模方式

第 **3** 章 单片机开发实例——提高篇

3.1 音乐彩灯设计

◆ 3.1.1 系统需求分析

（1）系统中有 16 个彩灯，彩灯的显示模式有 10 种。

（2）利用按键可以选择彩灯的显示模式，并且可以对彩灯的闪烁速度进行调节。

（3）彩灯闪烁时可以有音乐伴随，可以对音乐进行选择。

◆ 3.1.2 系统设计方案

系统选用 STC89C52 为主控芯片，选用 LED 灯作为彩灯，利用 LED 数码管显示彩灯的当前选择模式，利用三个按键实现模式选择和速度调节功能。彩灯系统的结构框图如图 3-1 所示。

◆ 3.1.3 系统硬件设计

系统硬件电路原理图如图 3-2 所示。图中，STC89C52 和时钟电路、复位电路构成单片机最小系统。16 个发

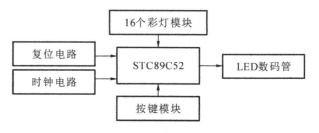

图 3-1 彩灯系统结构框图

光二极管分别接在 P0 和 P1 口。当 P0 和 P1 口为低电平时，发光二极管被点亮；当 P0 和 P1 口为高电平时，发光二极管熄灭。因此可以通过控制 P0 和 P1 口来控制 16 个发光二极管的亮灭。另外可以改变彩灯亮灭的时间间隔，从而实现彩灯模式的控制。

LED 数码管接在 P3 口，用于显示当前的彩灯模式。按键电路中，模式按键连接 P2.1 引脚，加速按键和减速按键分别连接 P2.4 和 P2.5 引脚。蜂鸣器连接 P2.6 引脚，用于播放音乐。

◆ 3.1.4 系统软件设计

1. 软件设计思路

系统上电后，进行 CPU、喇叭、定时器的初始化操作，然后读取按键值，根据按键选择对应的彩灯模式或者彩灯的闪烁速度。系统主程序流程图如图 3-3 所示。

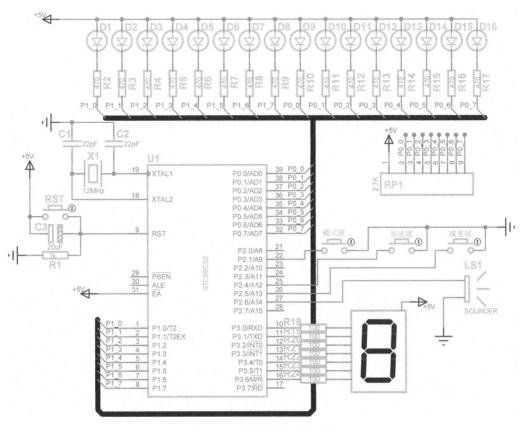

图 3-2　系统硬件电路原理图

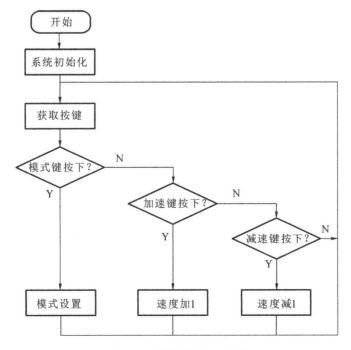

图 3-3　系统主程序流程图

2. 源程序

```c
# include<REG52.H>
# include "SoundPlay.h"
unsigned charRunMode;
// * * * * * * * * * * * * * * * * System Fuction* * * * * * * * * * * * * * * *
void Delay1ms(unsigned int count)
{
    unsigned int i,j;
    for(i=0;i<count;i++)
    for(j=0;j<120;j++);
}
unsigned char code LEDDisplayCode[]={ 0xC0,0xF9,0xA4,0xB0,0x99,0x92,0x82,0xF8, // 0~7
    0x80,0x90,0x88,0x83,0xC6,0xA1,0x86,0x8E,0xFF};
void Display(unsigned char Value)
{
    P3=LEDDisplayCode[Value];
}
void LEDFlash(unsigned char Count)
{
    unsigned char i;
    bit Flag;
    for(i=0; i<Count;i++)
    {
      Flag=!Flag;
      if(Flag)
          Display(RunMode);
      else
          Display(0x10);
      Delay1ms(100);
    }
    Display(RunMode);
}
unsigned char GetKey(void)
{
    unsigned char KeyTemp,CheckValue,Key=0x00;
    CheckValue=P2&0x32;
    if(CheckValue==0x32)
      return 0x00;
    Delay1ms(10);
    KeyTemp=P2&0x32;
    if(KeyTemp==CheckValue)
      return 0x00;
```

```c
    if(!(CheckValue&0x02))
      Key|=0x01;
    if(!(CheckValue&0x10))
      Key|=0x02;
    if(!(CheckValue&0x20))
      Key|=0x04;
    return Key;
}
unsigned int Timer0Count,SystemSpeed,SystemSpeedIndex;
void InitialTimer2(void)
{
    T2CON   =0x00; // 16 Bit Auto-Reload Mode
    TH2=RCAP2H=0xFC;   // 重装值,初始值 TL2=RCAP2L=0x18;
    ET2=1; // 定时器 2 中断允许
    TR2=1; // 定时器 2 启动
    EA=1;
}
unsigned int code SpeedCode[]={    1,    2,    3,    5,   8,  10,  14,  17,  20,  30,
                              40,   50,   60,   70,  80,  90,100,120,140,160,
                         180,200,300,400,500,600,700,800,900,1000}; // 30
void SetSpeed(unsigned char Speed)
{
    SystemSpeed=SpeedCode[Speed];
}
void LEDShow(unsigned int LEDStatus)
{
    P1=~(LEDStatus&0x00FF);
    P0=~((LEDStatus>>8) &0x00FF);
}
void InitialCPU(void)
{
    RunMode=0x00;
    Timer0Count=0;
    SystemSpeedIndex=9;
    P1=0x00;
    P0=0x00;
    P2=0xFF;
    P3=0x00;
    Delay1ms(500);
    P1=0xFF;
    P0=0xFF;
    P2=0xFF;
    P3=0xFF;
```

```c
        SetSpeed(SystemSpeedIndex);
        Display(RunMode);
}
// Mode 0
unsigned int LEDIndex=0;
bit LEDDirection=1,LEDFlag=1;
void Mode_0(void)
{
    LEDShow(0x0001<<LEDIndex);
    LEDIndex=(LEDIndex+1) % 16;
}
// Mode 1
void Mode_1(void)
{
    LEDShow(0x8000>>LEDIndex);
    LEDIndex=(LEDIndex+1) % 16;
}
// Mode 2
void Mode_2(void)
{
    if(LEDDirection)
      LEDShow(0x0001<<LEDIndex);
    else
      LEDShow(0x8000>>LEDIndex);
    if(LEDIndex==15)
      LEDDirection=!LEDDirection;
       LEDIndex=(LEDIndex+1) % 16;
}
// Mode 3
voidMode_3(void)
{
    if(LEDDirection)
      LEDShow(~(0x0001<<LEDIndex));
    else
      LEDShow(~(0x8000>>LEDIndex));
    if(LEDIndex==15)
       LEDDirection=!LEDDirection;
        LEDIndex=(LEDIndex+1) % 16;
}
// Mode 4
void Mode_4(void)
{
    if(LEDDirection)
```

```c
  {
    if(LEDFlag)
      LEDShow(0xFFFE<<LEDIndex);
    else
      LEDShow(~(0x7FFF>>LEDIndex));
  }
  else
  {
    if(LEDFlag)
      LEDShow(0x7FFF>>LEDIndex);
    else
      LEDShow(~(0xFFFE<<LEDIndex));
  }
  if(LEDIndex==15)
  {
    LEDDirection=!LEDDirection;
    if(LEDDirection)LEDFlag=!LEDFlag;
  }
  LEDIndex=(LEDIndex+1) % 16;
}
// Mode 5
void Mode_5(void)
{
if(LEDDirection)
  LEDShow(0x000F<<LEDIndex);
else
  LEDShow(0xF000>>LEDIndex);
if(LEDIndex==15)
  LEDDirection=!LEDDirection;
LEDIndex=(LEDIndex+1) % 16;
}
// Mode 6
void Mode_6(void)
{
  if(LEDDirection)
    LEDShow(~(0x000F<<LEDIndex));
  else
    LEDShow(~(0xF000>>LEDIndex));
  if(LEDIndex==15)
    LEDDirection=!LEDDirection;
  LEDIndex=(LEDIndex+1) % 16;
}
// Mode 7
```

```c
void Mode_7(void)
{
    if(LEDDirection)
      LEDShow(0x003F<<LEDIndex);
    else
      LEDShow(0xFC00>>LEDIndex);
    if(LEDIndex==9)
      LEDDirection=!LEDDirection;
    LEDIndex=(LEDIndex+1) % 10;
}
// Mode 8
void Mode_8(void)
{
    LEDShow(++LEDIndex);
}
void Timer0EventRun(void)
{
    if(RunMode==0x00)
    {
      Mode_0();
    }
    else if(RunMode==0x01)
    {
      Mode_1();
    }
    else if(RunMode==0x02)
    {
      Mode_2();
    }
    else if(RunMode==0x03)
    {
      Mode_3();
    }
    else if(RunMode==0x04)
    {
      Mode_4();
    }
    else if(RunMode==0x05)
    {
      Mode_5();
    }
    else if(RunMode==0x06)
    {
```

```
    Mode_6();
    }
    else if(RunMode==0x07)
    {
    Mode_7();
    }
    else if(RunMode==0x08)
    {
    Mode_8();
    }
}
void Timer2(void) interrupt 5 using 3
{
    TF2=0; //中断标志清除(Timer2 必须软件清标志!)
    if(++Timer0Count>=SystemSpeed)
    {
    Timer0Count=0;
    Timer0EventRun();
    }
}
unsigned char MusicIndex=0;
void KeyDispose(unsigned char Key)
{
    if(Key&0x01)
    {
    LEDDirection=1;
    LEDIndex=0;
    LEDFlag=1;
    RunMode=(RunMode+1) % 10;
    Display(RunMode);
    if(RunMode==0x09)
      TR2=0;
    else
      TR2=1;
    }
    if(Key&0x02)
    {
    if(RunMode==0x09)
    {
    MusicIndex=(MusicIndex+MUSICNUMBER-1) % MUSICNUMBER;
    }
    else
    {
```

```
        if(SystemSpeedIndex>0)
        {
          --SystemSpeedIndex;
          SetSpeed(SystemSpeedIndex);
        }
        else
        {
        LEDFlash(6);
        }
      }
    }
    if(Key&0x04)
    {
      if(RunMode==0x09)
      {
        MusicIndex=(MusicIndex+1) % MUSICNUMBER;
      }
      else
      {
        if(SystemSpeedIndex<28)
        {
          ++SystemSpeedIndex;
          SetSpeed(SystemSpeedIndex);
        }
        else
        {
          LEDFlash(6);
        }
      }
    }
  }
}
//* * * * * * * * * * * * * * * Music* * * * * * * * * * * * * * * * * * * * * * *
//挥着翅膀的女孩
unsigned char code Music_Girl[]={ 0x17,0x02,0x17,0x03,0x18,0x03,0x19,0x02,0x15,0x03,
                    0x16,0x03,0x17,0x03,0x17,0x03,0x17,0x03,0x18,0x03,
                    0x19,0x02,0x16,0x03,0x17,0x03,0x18,0x02,0x18,0x03,
                    0x17,0x03,0x15,0x02,0x18,0x03,0x17,0x03,0x18,0x02,
                    0x10,0x03,0x15,0x03,0x16,0x02,0x15,0x03,0x16,0x03,
                    0x17,0x02,0x17,0x03,0x18,0x03,0x19,0x02,0x1A,0x03,
                    0x1B,0x03,0x1F,0x03,0x1F,0x03,0x17,0x03,0x18,0x03,
                    0x19,0x02,0x16,0x03,0x17,0x03,0x18,0x03,0x17,0x03,
                    0x18,0x03,0x1F,0x03,0x1F,0x02,0x16,0x03,0x17,0x03,
                    0x18,0x03,0x17,0x03,0x18,0x03,0x20,0x03,0x20,0x02,
```

```
                    0x1F,0x03,0x1B,0x03,0x1F,0x66,0x20,0x03,0x21,0x03,
                    0x20,0x03,0x1F,0x03,0x1B,0x03,0x1F,0x66,0x1F,0x03,
                    0x1B,0x03,0x19,0x03,0x19,0x03,0x15,0x03,0x1A,0x66,
                    0x1A,0x03,0x19,0x03,0x15,0x03,0x15,0x03,0x17,0x03,
                    0x16,0x66,0x17,0x04,0x18,0x04,0x18,0x03,0x19,0x03,
                    0x1F,0x03,0x1B,0x03,0x1F,0x66,0x20,0x03,0x21,0x03,
                    0x20,0x03,0x1F,0x03,0x1B,0x03,0x1F,0x66,0x1F,0x03,
                    0x1B,0x03,0x19,0x03,0x19,0x03,0x15,0x03,0x1A,0x66,
                    0x1A,0x03,0x19,0x03,0x19,0x03,0x1F,0x03,0x1B,0x03,
                    0x1F,0x00,0x1A,0x03,0x1A,0x03,0x1A,0x03,0x1B,0x03,
                    0x1B,0x03,0x1A,0x03,0x19,0x03,0x19,0x02,0x17,0x03,
                    0x15,0x17,0x15,0x03,0x16,0x03,0x17,0x03,0x18,0x03,
                    0x17,0x04,0x18,0x0E,0x18,0x03,0x17,0x04,0x18,0x0E,
                    0x18,0x66,0x17,0x03,0x18,0x03,0x17,0x03,0x18,0x03,
                    0x20,0x03,0x20,0x02,0x1F,0x03,0x1B,0x03,0x1F,0x66,
                    0x20,0x03,0x21,0x03,0x20,0x03,0x1F,0x03,0x1B,0x03,
                    0x1F,0x66,0x1F,0x04,0x1B,0x0E,0x1B,0x03,0x19,0x03,
                    0x19,0x03,0x15,0x03,0x1A,0x66,0x1A,0x03,0x19,0x03,
                    0x15,0x03,0x15,0x03,0x17,0x03,0x16,0x66,0x17,0x04,
                    0x18,0x04,0x18,0x03,0x19,0x03,0x1F,0x03,0x1B,0x03,
                    0x1F,0x66,0x20,0x03,0x21,0x03,0x20,0x03,0x1F,0x03,
                    0x1B,0x03,0x1F,0x66,0x1F,0x03,0x1B,0x03,0x19,0x03,
                    0x19,0x03,0x15,0x03,0x1A,0x66,0x1A,0x03,0x19,0x03,
                    0x19,0x03,0x1F,0x03,0x1B,0x03,0x1F,0x00,0x18,0x02,
                    0x18,0x03,0x1A,0x03,0x19,0x0D,0x15,0x03,0x15,0x02,
                    0x18,0x66,0x16,0x02,0x17,0x02,0x15,0x00,0x00,0x00};
```

//同一首歌
```
unsigned char code Music_Same[]={ 0x0F,0x01,0x15,0x02,0x16,0x02,0x17,0x66,0x18,0x03,
                    0x17,0x02,0x15,0x02,0x16,0x01,0x15,0x02,0x10,0x02,
                    0x15,0x00,0x0F,0x01,0x15,0x02,0x16,0x02,0x17,0x02,
                    0x17,0x03,0x18,0x03,0x19,0x02,0x15,0x02,0x18,0x66,
                    0x17,0x03,0x19,0x02,0x16,0x03,0x17,0x03,0x16,0x00,
                    0x17,0x01,0x19,0x02,0x1B,0x02,0x1B,0x70,0x1A,0x03,
                    0x1A,0x01,0x19,0x02,0x19,0x03,0x1A,0x03,0x1B,0x02,
                    0x1A,0x0D,0x19,0x03,0x17,0x00,0x18,0x66,0x18,0x03,
                    0x19,0x02,0x1A,0x02,0x19,0x0C,0x18,0x0D,0x17,0x03,
                    0x16,0x01,0x11,0x02,0x11,0x03,0x10,0x03,0x0F,0x0C,
                    0x10,0x02,0x15,0x00,0x1F,0x01,0x1A,0x01,0x18,0x66,
                    0x19,0x03,0x1A,0x01,0x1B,0x02,0x1B,0x03,0x1B,0x03,
                    0x1B,0x0C,0x1A,0x0D,0x19,0x03,0x17,0x00,0x1F,0x01,
                    0x1A,0x01,0x18,0x66,0x19,0x03,0x1A,0x01,0x10,0x02,
                    0x10,0x03,0x10,0x03,0x1A,0x0C,0x18,0x0D,0x17,0x03,
                    0x16,0x00,0x0F,0x01,0x15,0x02,0x16,0x02,0x17,0x70,
```

```
                              0x18,0x03,0x17,0x02,0x15,0x03,0x15,0x03,0x16,0x66,
                              0x16,0x03,0x16,0x02,0x16,0x03,0x15,0x03,0x10,0x02,
                              0x10,0x01,0x11,0x01,0x11,0x66,0x10,0x03,0x0F,0x0C,
                              0x1A,0x02,0x19,0x02,0x16,0x03,0x16,0x03,0x18,0x66,
                              0x18,0x03,0x18,0x02,0x17,0x03,0x16,0x03,0x19,0x00,
                              0x00,0x00 };
// 两只蝴蝶
unsigned char code Music_Two[]={ 0x17,0x03,0x16,0x03,0x17,0x01,0x16,0x03,0x17,0x03,
                              0x16,0x03,0x15,0x01,0x10,0x03,0x15,0x03,0x16,0x02,
                              0x16,0x0D,0x17,0x03,0x16,0x03,0x15,0x03,0x10,0x03,
                              0x10,0x0E,0x15,0x04,0x0F,0x01,0x17,0x03,0x16,0x03,
                              0x17,0x01,0x16,0x03,0x17,0x03,0x16,0x03,0x15,0x01,
                              0x10,0x03,0x15,0x03,0x16,0x02,0x16,0x0D,0x17,0x03,
                              0x16,0x03,0x15,0x03,0x10,0x03,0x15,0x03,0x16,0x01,
                              0x17,0x03,0x16,0x03,0x17,0x01,0x16,0x03,0x17,0x03,
                              0x16,0x03,0x15,0x01,0x10,0x03,0x15,0x03,0x16,0x02,
                              0x16,0x0D,0x17,0x03,0x16,0x03,0x15,0x03,0x10,0x03,
                              0x10,0x0E,0x15,0x04,0x0F,0x01,0x17,0x03,0x19,0x03,
                              0x19,0x01,0x19,0x03,0x1A,0x03,0x19,0x03,0x17,0x01,
                              0x16,0x03,0x16,0x03,0x16,0x02,0x16,0x0D,0x17,0x03,
                              0x16,0x03,0x15,0x03,0x10,0x03,0x10,0x0D,0x15,0x00,
                              0x19,0x03,0x19,0x03,0x1A,0x03,0x1F,0x03,0x1B,0x03,
                              0x1B,0x03,0x1A,0x03,0x17,0x0D,0x16,0x03,0x16,0x03,
                              0x16,0x0D,0x17,0x01,0x17,0x03,0x17,0x03,0x19,0x03,
                              0x1A,0x02,0x1A,0x02,0x10,0x03,0x17,0x0D,0x16,0x03,
                              0x16,0x01,0x17,0x03,0x19,0x03,0x19,0x03,0x17,0x03,
                              0x19,0x02,0x1F,0x02,0x1B,0x03,0x1A,0x03,0x1A,0x0E,
                              0x1B,0x04,0x17,0x02,0x1A,0x03,0x1A,0x03,0x1A,0x0E,
                              0x1B,0x04,0x1A,0x03,0x19,0x03,0x17,0x03,0x16,0x03,
                              0x17,0x0D,0x16,0x03,0x17,0x03,0x19,0x01,0x19,0x03,
                              0x19,0x03,0x1A,0x03,0x1F,0x03,0x1B,0x03,0x1B,0x03,
                              0x1A,0x03,0x17,0x0D,0x16,0x03,0x16,0x03,0x16,0x03,
                              0x17,0x01,0x17,0x03,0x17,0x03,0x19,0x03,0x1A,0x02,
                              0x1A,0x02,0x10,0x03,0x17,0x0D,0x16,0x03,0x16,0x01,
                              0x17,0x03,0x19,0x03,0x19,0x03,0x17,0x03,0x19,0x03,
                              0x1F,0x02,0x1B,0x03,0x1A,0x03,0x1A,0x0E,0x1B,0x04,
                              0x17,0x02,0x1A,0x03,0x1A,0x03,0x1A,0x0E,0x1B,0x04,
                              0x17,0x16,0x1A,0x03,0x1A,0x03,0x1A,0x0E,0x1B,0x04,
                              0x1A,0x03,0x19,0x03,0x17,0x03,0x16,0x03,0x0F,0x02,
                              0x10,0x03,0x15,0x00,0x00,0x00 };
//* * * * * * * * * * * * * * * * * * * * * * * * * * * * * * * * * * * * * *
unsigned char *  SelectMusic(unsigned char SoundIndex)
{
```

```
    unsigned char * MusicAddress=0;
    switch（SoundIndex）
    {
      case 0x00:
        MusicAddress=&Music_Girl[0];//挥着翅膀的女孩
        break;
      case 0x01:
        MusicAddress=&Music_Same[0];//同一首歌
        break;
      case 0x02:
        MusicAddress=&Music_Two[0];//两只蝴蝶
        break;
      case 0x03:
        break;
      case 0x04:
        break;
      case 0x05:
        break;
      case 0x06:
        break;
      case 0x07:
        break;
      case 0x08:
        break;
      case 0x09:
        break;
      default:break;
    }
    return MusicAddress;
}
void PlayMusic(void)
{
    Delay1ms(200);
    Play(SelectMusic(MusicIndex),0,3,360);
}
//* * * * * * * * * * * * * * * * * * * * * * * * * * * * * * * * * * * *
main()
{
    unsigned char Key;
    InitialCPU();
    InitialSound();
    InitialTimer2();
```

```
        while(1)
        {
          Key=GetKey();
          if(RunMode==0x09)
          {
            PlayMusic();
          }
          if(Key!=0x00)
          {
            KeyDispose(Key);
          }
        }
    }
```

3.1.5 系统调试

系统调试界面如图 3-4 所示,上电运行后,按下"模式键"选择不同模式,观察 LED 灯的闪烁方式,按下"加速键"或"减速键",改变 LED 灯的闪烁速度。在模式 9 中可以听到音乐。

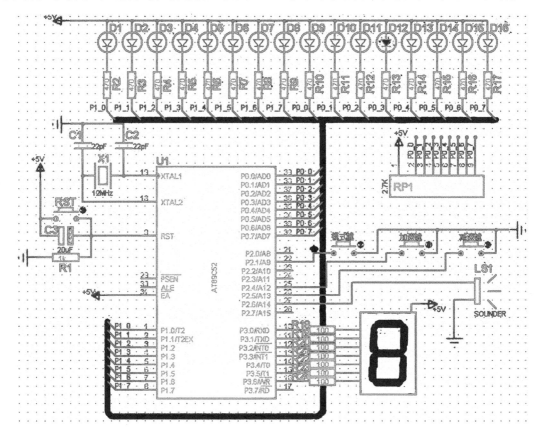

图 3-4　系统仿真调试图

3.2　电子万年历设计

3.2.1　系统需求分析

美国 Dallas 公司推出的具有涓细电流充电功能的低功耗实时时钟电路 DS1302,它可以对年、月、日、星期、时、分、秒等方面进行计时,还具有闰年补偿等多种功能,而且 DS1302 的使用寿命长,误差小。数字电子万年历采用直观的数字显示,可以同时显示年、月、日、星期、时、分、秒和温度等信息,还具有时间校准等功能。DS1302 采用 STC89C52 单片机作为核心,功耗小,能在 3 V 的低电压下工作,可选用 3～5 V 电压供电。

综上所述,DS1302 具有读取方便、显示直观、功能多样、电路简洁、成本低廉等诸多优点,符合电子仪器仪表的发展趋势,具有广阔的市场前景。

3.2.2　系统设计方案

本项目主要以 STC89C52 单片机为控制核心,外围设备由按键模块、LCD 显示模块、时钟模块等组成,如图 3-5 所示。

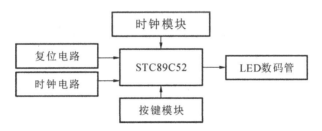

图 3-5　电子万年历系统结构框图

3.2.3　系统硬件设计

根据电子万年历系统框图设计万年历电路原理图,如图 3-6 所示。

电路中的时钟模块主要由 DS1302 提供,它是一种高性能、低功耗、带 RAM 的实时时钟电路,它可以对年、月、日、星期、时、分、秒进行计时,具有闰年补偿功能,工作电压为 2.5 V～5.5 V。时钟模块采用三线接口与 CPU 进行同步通信,并可采用突发方式一次传送多个字节的时钟信号或 RAM 数据。DS1302 内部有一个 31×8 的用于临时性存放数据的 RAM。其具有使用寿命长,精度高和低功耗等特点,同时具有掉电自动保存功能。

为了对所有数据传送进行初始化,需要将复位引脚(RST)置为高电平且将 8 位地址和命令信息装入移位寄存器。数据在时钟(SCLK)的上升沿串行输入,前 8 位用于指定访问地址,命令字装入移位寄存器后,在之后的时钟周期,读操作时输出数据,写操作时输入数据。时钟脉冲的个数在单字节方式下为 8+8(8 位地址+8 位数据),在多字节方式下可达 8+248(8 位地址+248 位数据)。

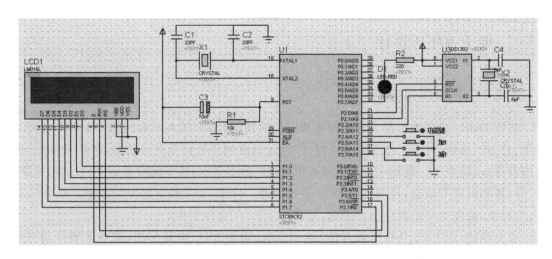

图 3-6   电子万年历系统电路原理图

3.2.4   系统软件设计

1.软件设计思路

万年历程序开始是对液晶、DS1302 模块、定时器和外部中断进行初始化,然后进入一个循环,在循环中读取时间并在液晶屏上显示出来。万年历程序流程图如图 3-7 所示。

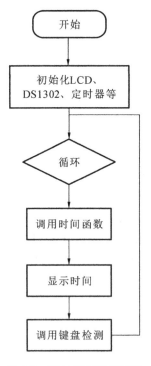

图 3-7   万年历程序流程图

2.源程序

1）主程序文件

```
#include<reg51.h>
```

```c
# include<intrins.h>
# include<absacc.h>
# define uchar unsigned char
# define uint   unsigned int
sbit yun_lamp=P0^7;//闰月指示灯
uchar   year,month,week,day,hour,mintue,second;
uchar time=0,temp_yun;
uchar code week_dis[]="7123456";
uchar code lookdis[]="0123456789";
uchar data display[]="2000.00.00     0";//LCD 第一行显示缓存数组
uchar data xiaohui[]="00:00:00    00.00";//LCD 第二行显示缓存数组
uchar code date_data[]={ 35,0x15,0x51,0x00,23,0x11,0x52,0x41,42,0x12,0x65,0x00,
                31,0x11,0x32,0x00,21,0x42,0x52,0x21,39,0x52,0x25,0x00,
                28,0x25,0x04,0x71,48,0x66,0x42,0x00,37,0x33,0x22,0x00,
                25,0x15,0x24,0x51,44,0x25,0x52,0x00,33,0x22,0x65,0x00,
                22,0x21,0x25,0x41,40,0x24,0x52,0x00,30,0x52,0x42,0x91,
                49,0x55,0x05,0x00,38,0x26,0x44,0x00,27,0x53,0x50,0x60,
                46,0x53,0x24,0x00,35,0x25,0x54,0x00,24,0x41,0x52,0x41,
                42,0x45,0x25,0x00,31,0x24,0x52,0x00,21,0x51,0x12,0x21,
                40,0x55,0x11,0x00,28,0x26,0x21,0x61,47,0x26,0x61,0x00,
                36,0x13,0x31,0x00,25,0x05,0x31,0x51,43,0x12,0x54,0x00,
                33,0x51,0x25,0x00,22,0x42,0x25,0x31,41,0x32,0x22,0x00,
                30,0x55,0x02,0x71,49,0x55,0x22,0x00,38,0x26,0x62,0x00,
                27,0x13,0x64,0x60,45,0x13,0x32,0x00,34,0x12,0x55,0x00,
                23,0x10,0x53,0x51,42,0x22,0x45,0x00,31,0x52,0x22,0x00,
                21,0x52,0x44,0x21,40,0x55,0x44,0x00,29,0x26,0x50,0x71,
                47,0x26,0x64,0x00,36,0x25,0x32,0x00,25,0x23,0x32,0x50,
44,0x44,0x55,0x00,32,0x24,0x45,0x00,22,0x55,0x11,0x30};//2000~2005 年的数据表
# include "chu_li.c"
# include "ds1302.c"
# include "lcd1602.c"
# include "key_board.c"
void main()
{
    TMOD=0x01;   //定时器初始化
    TH0=0x3c;
    TL0=0xb0;
    IE=0x82;
    init_lcd1602();//初始化显示器
    init_ds1302();//初始化 DS1302
  while(1)
  {
    ds1302();
```

```
    display1602();
    gengxin();
    display1602();
    key_scan();
  }
}
void t0_time() interrupt 1
{
  TH0=0x3c;
  TL0=0xb0;
  time++;
  if(time==15)
    time=0;
}
```

2) DS1302 程序

```
sbit   RST=P2^0; //定义 DS1302 端口
sbit   SCLK=P2^1;
sbit   IO=P2^2;
//* * * * * * * * * * * * * * * * * * * * * * * * * * * * *
//写 DS1302
//* * * * * * * * * * * * * * * * * * * * * * * * * * * * *
void write1302(uchar DS1302_addr,uchar DS1302_data)
{
  uchar i;
  SCLK=0;
  _nop_();
  RST=1;
  _nop_();
  for(i=0;i<8;i++)      //送地址给 DS1302
  {
    SCLK=0;
    _nop_();
    _nop_();
    _nop_();
    if((DS1302_addr&0x01) ==0x01)
        IO=1;
    else
        IO=0;
    _nop_();
    _nop_();
    _nop_();
    SCLK=1;
    _nop_();
```

```
        _nop_();
        _nop_();
        DS1302_addr=DS1302_addr>>1;
    }
    _nop_();
    _nop_();
    for(i=0;i<8;i++) // 送数据给 DS1302
    {
        SCLK=0;
        _nop_();
        _nop_();
        _nop_();
        if((DS1302_data&0x01) ==0x01)
            IO=1;
        else
            IO=0;
        _nop_();
        _nop_();
        _nop_();
        SCLK=1;
        _nop_();
        _nop_();
        _nop_();
        DS1302_data=DS1302_data>>1;
    }
    RST=0;
}
// * * * * * * * * * * * * * * * * * * * * * * * * * * * * * * * *
// 读 DS1302
// * * * * * * * * * * * * * * * * * * * * * * * * * * * * * * * *
uchar read1302(uchar DS1302_addr)
{
    uchar receive_data=0;
    uchar i;
    SCLK=0;
    _nop_();
    _nop_();
    RST=1;
    _nop_();
    for(i=0;i<8;i++)// 送地址给 DS1302
    {
        SCLK=0;
        _nop_();
```

```c
    _nop_();
    _nop_();
    if((DS1302_addr&0x01) ==0x01)
    IO=1;
    else
    IO=0;
    _nop_();
    _nop_();
    _nop_();
    SCLK=1;
    _nop_();
    _nop_();
    _nop_();
    DS1302_addr=DS1302_addr>>1;
    }
    _nop_();
    _nop_();
    for(i=0;i<8;i++) // 从 DS1302 读出数据
    {
    SCLK=0;
    _nop_();
    _nop_();
    _nop_();
    receive_data=receive_data>>1;
    if(IO==1)
    receive_data=receive_data|0x80;
    else
    receive_data=receive_data&0x7f;
    _nop_();
    _nop_();
    _nop_();
    SCLK=1;
    _nop_();
    _nop_();
    _nop_();
    }
    RST=0;
    return(receive_data);
}
void init_ds1302(void)
{
    write1302(0x8e,0x00); // 允许写 DS1302
    write1302(0x90,0xa6); // DS1302 充电,充电电流 1.1 mA
```

```
}
void ds1302(void)
{
    year=read1302(0x8d);//读出年寄存器
    week=read1302(0x8b);//读出星期寄存器
    month=read1302(0x89);//读出月寄存器
    day=read1302(0x87);  //读出日寄存器
    hour=read1302(0x85);//读出小时寄存器
    mintue=read1302(0x83);//读出分寄存器
    second=read1302(0x81);//读出秒寄存器
}
```

3.2.5 系统调试

系统仿真调试如图 3-8 所示,运行后显示当前的日期和时间,并可以用功能键进行调整。

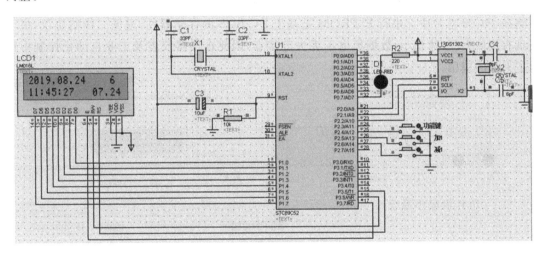

图 3-8　万年历仿真调试图

3.3　密码锁设计

3.3.1 系统需求分析

（1）系统设置 4 位密码,密码通过键盘输入,若密码正确,则开启锁具。

（2）密码可以由用户自行设置,设置后的密码具备掉电保存和复位保存的功能。

（3）密码输入时,具备密码屏蔽功能。如果密码输入错误,则显示错误提示;密码输入错误超过 3 次,则蜂鸣器报警并且锁定键盘一段时间。

3.3.2 系统设计方案

本系统主要由单片机、矩阵键盘、液晶显示屏和密码存储等部分组成。其中,矩阵键盘用于输入或修改密码等。当用户通过矩阵键盘输入密码时,单片机会对该密码进行比较,判断其是否与已存储的密码相匹配。如果相符,则开锁;如果不相符,则给予三次尝试机会,若依然不相符,则启动报警。密码锁系统的结构框图如图 3-9 所示。

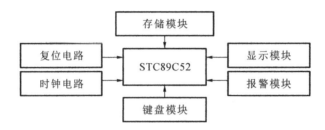

图 3-9　密码锁系统结构框图

3.3.3　系统硬件设计

系统硬件电路原理图如图 3-10 所示。图中,STC89C52 和时钟电路、复位电路构成单片机最小系统。显示模块采用 LCD1602 显示屏。蜂鸣器连接在 P3.5 引脚,用于报警。密码存储在 24C02 芯片中。串行 E^2PROM 是基于 I^2C-BUS 的存储器件,遵循二线制协议,由于其具有接口方便,体积小,数据掉电不丢失等特点,因此在仪器仪表及工业自动化控制中得到了大量的应用。

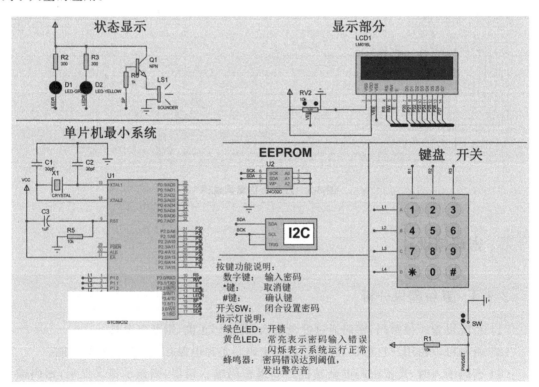

图 3-10　系统硬件电路原理图

键盘模块由 4×3 矩阵键盘构成,可以使单片机的 I/O 得到有效的使用。矩阵键盘采用行列扫描读取按键键值。

3.3.4 系统软件设计

1. 软件设计思路

系统上电后,等待下一步操作:如果密码设置开关按下,则进行 4 位密码的重新设置并保存;如果密码设置开关未按下,则进行密码输入,输入密码正确时,绿色提示灯闪烁,密码输入错误时,黄色提示灯闪烁并且显示屏有错误提示,输入三次错误后,锁定键盘 30 秒。系统主程序流程图如图 3-11 所示。

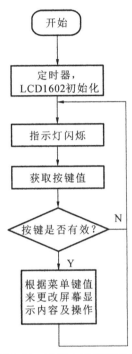

图 3-11 系统主程序流程图

2. 源程序

```
# include "head.h"
# include "key.h"
# include "lcd1602.h"
# include "24c02.h"
# define PWD_ADDR 0x00          //定义密码起始位置
sbit pwdset=P1^7;               //定义密码设置开关端口
sbit lede=P3^3;                 //定义密码错误 led 端口
sbit ledr=P3^4;                 //定义密码正确 led 端口
sbit sk=P3^5;                   //定义蜂鸣器端口
bit warn;                       //定义警告标志位
uint8 pwd[2]={0x12,0x34};       //初始化密码
uint16 passwd=0,pwdi,sec;
/* * * * * * * * * * * * * * * * * * * * * * * * * * * * * * *
函数名:init()
功能:初始化定时器和全局变量
```

输入：无

返回值：无

```c
/* * * * * * * * * * * * * * * * * * * * * * * * * * * */
void init()
{
    TMOD=0x02;
    TH0=256-100;
    TL0=256-100;                //初始化定时器1及初值用于驱动蜂鸣器和秒计数
    ET0=1;
    EA=1;                       //初始化中断
    TR0=1;                      //开始计数
    warn=0;
    sk=0;
    key_enter=0;
    key_menu=0;
    LCDInit();
    LCDLogo();
}
void main()
{
    bit keyf,showf;
    uint8 erro_time=0;          //错误次数计数器初始化
    init();
    while(1)
    {
        lede=~lede;             //程序运行状态指示,如果正常则闪烁
        keyf=keyset();          //获取按键有效性
        if(keyf)    //如果按键无效,则显示标志置0
            showf=0;
        if(key_enter >4)        //如果输入数值超过四位则重新开始
            key_enter=1;
        if(!keyf&&!showf) //按键有效并且显示标志位为0则执行lcd内容更改的下列程序
        {
            showf=1;            //置为显示标志位 保证下列程序只执行一遍
            LCDClear();
            switch(key_menu)    //根据菜单键值来更改显示及程序
            {
                case 0x01:
                    LCDPrintChar(0,0,"Enter passwd:");   //更换显示
                    passwd=passwd<<4;
                    passwd |=key_value; //按键值组成一个整型数
                    if(pwdset)              //如果设置密码按键断开则显示*,否则显示明码
                        LCDDisplayData(0,1,passwd,key_enter,0);
```

```
      else
         LCDDisplayData(0,1,passwd,key_enter,16);
      break;
   case 0x02:                              //删除密码数值最后一位
      LCDPrintChar(0,0,"Enter passwd:");
      passwd=passwd >>4;
      if(pwdset)
       LCDDisplayData(0,1,passwd,key_enter,0);
      else
         LCDDisplayData(0,1,passwd,key_enter,16);
      break;
   case 0x03:
      if(pwdset)                    //密码设置开关断开,判断密码值是否正确
      {
         pwd[0]=at24c02_r(PWD_ADDR);        //从 EEPROM 中读取密码值
         pwd[1]=at24c02_r(PWD_ADDR+1);
         pwdi=pwd[0];
         pwdi=(pwdi<<8) |pwd[1];            //组成一个整数
         if(passwd==pwdi)                   //判断密码是否正确
         {
            erro_time=0;                    //错误计数置 0
            ledr=0;
            lede=1;                         //LED 状态指示密码输入正确
            LCDPrintChar(0,0,"Unlock!Open door");
            LCDPrintChar(0,1,"It's have");  //提示可以开门,并等待一段时间
            LCDPrintChar(12,1,"secs");
            sec=10;
            while(sec)
            LCDDisplayData(10,1,sec,1,16);  //等待 10s
            LCDLogo();                      //显示初始信息
            ledr=1;
         }
         else
         {
            ledr=1;                         //LED 指示密码错误
            lede=0;
            erro_time++;                    //错误计数加 1
            LCDPrintChar(0,0,"Pwd ERRO!");
            LCDPrintChar(0,1,"Erro time");
            LCDDisplayData(11,1,erro_time,1,16);
            if(erro_time >3)                //错误超过三次
            {
            LCDPrintChar(0,0,"Warning!");   //警告并锁定一较长时间
```

```
            LCDPrintChar(0,1,"It's have");
            LCDPrintChar(13,1,"sec");
            sec=30;
            warn=1;                              //打开蜂鸣器
            while(sec)
            LCDDisplayData(10,1,sec,2,10);
            warn=0;
            LCDLogo();
        }
    }
}
        else
        {
            at24c02_w(PWD_ADDR,passwd >>8);
                    //将密码值写入 EEPROM 中
            at24c02_w(PWD_ADDR+1,passwd & 0xff);
            LCDPrintChar(0,0,"Write to eeprom!");
            LCDPrintChar(0,1,"Sucessful!");
            sec=5;
            while(sec);
            LCDLogo();
        }
    default:break;
    }
    }
    }
}
void t0() interrupt 1
{
  uint16 ct;
  ct++;
  if(ct >10000)
  {
    ct=0;
    sec--;
  }
  if(warn)
    sk=~sk;                                    //蜂鸣器输出
}
```

◆ 3.3.5 系统调试

系统调试界面如图 3-12 至图 3-16 所示。

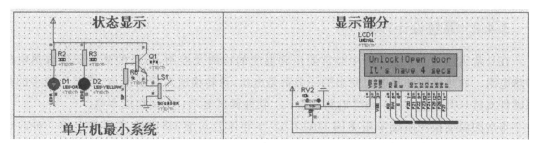

图 3-12　系统启动界面

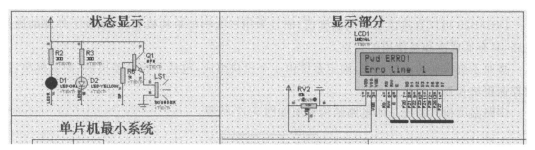

图 3-13　密码输入正确时的界面

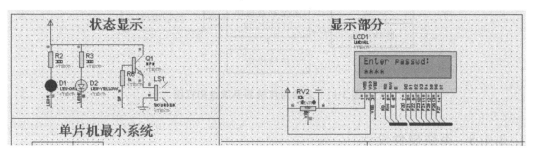

图 3-14　密码输入错误界面

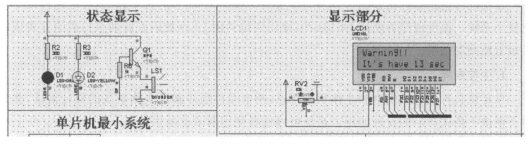

图 3-15　密码输入时

图 3-16　超过尝试次数,键盘锁定

3.4 多路温度检测系统设计

3.4.1 系统需求分析

（1）系统要求设计一个多路温度检测系统，利用五个温度传感器采集不同地方的环境温度数据，并将所采集到的数据送到单片机中进行处理。

（2）利用数码管分时显示检测到的五路温度。

3.4.2 系统设计方案

在日常生活及工农业生产中经常要用到温度的检测及控制，传统的测温元件有热电偶和热电阻。而热电偶和热电阻测出的一般都是电压，再转换成对应的温度，需要比较多的外部硬件支持。其缺点有：① 硬件电路复杂；② 软件调试复杂；③ 制作成本高。

本次的温度检测系统采用美国 DALLAS 半导体公司继 DS1820 之后推出的一种改进型智能温度传感器 DS18B20 作为检测元件，测温范围为 $-55\ ℃ \sim 125\ ℃$，最高分辨率可达 $0.0625\ ℃$。

DS18B20 可以直接读出被测温度值，而且采用三线制与单片机相连，减少了外部的硬件电路，具有低成本和易使用的特点。

按照系统设计功能的要求，确定系统由 4 个模块组成，包括主控制器模块、测温模块、按键控制模块和显示模块等。

多路温度检测系统总体电路结构框图如图 3-17 所示。

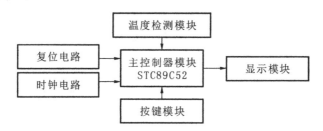

图 3-17　多路温度检测系统结构框图

3.4.3 系统硬件设计

系统硬件电路原理图如图 3-18 所示。图中，STC89C52 和时钟电路、复位电路构成单片机最小系统。温度传感器使用 DS18B20，使用四位共阴 LED 数码管以动态扫描的方式依次显示五路测温结果。

1. 主控制器

单片机具有低电压供电和小体积等特点，两个端口刚好满足电路系统的设计需求，非常适合便携手持式产品的设计使用。系统可以选择使用两节电池供电。

2. 显示电路

显示电路采用 4 位共阴 LED 数码管，P0 口输出数码管显示所需的段码值，数码管位扫

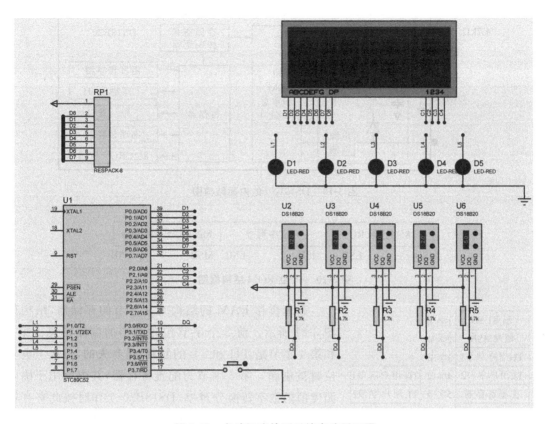

图 3-18 多路温度检测系统电路原理图

描用 P2.0～P2.3 引脚来实现,当其中的某一引脚 P2.x 输出为低电平时,选中四个数码管中的一个。

3. 温度传感器工作原理

1) DS18B20 的性能特点

DS18B20 的特点有：① 多个 DS18B20 可以并联在唯一的三线上,实现多点组网功能；② 不需要外部器件；③ 可通过数据线供电,电压范围为 3.0 V～5.5 V；④ 零待机功耗；⑤ 温度以 9～12 位数字量读出；⑥ 用户可定义的非易失性温度报警设置；⑦ 报警搜索命令识别并标志超过程序限定温度(温度报警条件)的器件；⑧ 负电压特性,电源极性接反时,温度计不会因发热而烧毁,只是不能正常工作。

2) DS18B20 的内部结构

DS18B20 采用 3 脚 PR-35 封装或 8 脚 SOIC 封装,其内部结构框图如图 3-19 所示。

64 位 ROM 的位结构如图 3-20 所示。其中,开始 8 位是产品类型的编号；接着是每个器件的唯一的序号,共有 48 位；最后 8 位是前面 56 位的 CRC 检验码,这也是多个 DS18B20 可以采用单线进行通信的原因。非易失性温度报警触发器 TH 和 TL,可通过软件写入用户报警上下限数据。

DS18B20 温度传感器的内部存储器还包括一个高速暂存 RAM 和一个非易失性的可电擦除的 E^2PROM。

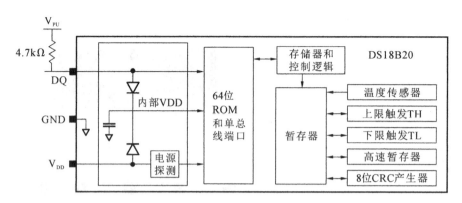

图 3-19　DS18B20 的内部结构图

8位检验CRC		48位序列号		8位工厂代码(10H)	
MSB	LSB	MSB	LSB	MSB	LSB

图 3-20　64 位 ROM 结构框图

温度LSB	1字节
温度MSB	2字节
TH用户字节1	3字节
TL用户字节2	4字节
配置寄存器	5字节
保留	6字节
保留	7字节
保留	8字节
CRC	9字节

图 3-21　高速暂存 RAM 结构图

高速暂存 RAM 的结构为 9 字节的存储器,结构如图 3-21 所示。前 2 个字节包含测得的温度信息。第 3 和第 4 字节是 TH 和 TL 的复制,是易失的,每次上电复位时被刷新。第 5 字节为配置寄存器,其内容用于确定温度值的数字转换分辨率,DS18B20 工作时按此寄存器中的分辨率将温度转换为相应精度的数值。该字节各位的定义如图 3-22 所示,其中,低 5 位一直为 1;TM 是测试模式位,用于设置 DS18B20 在工作模式还是在测试模式,在 DS18B20 出厂时,该位被设置为 0,用户不要去改动;R_1 和 R_0 是决定温度转换的精度位数,即用来设置分辨率。$R_1 R_0 = 00$ 时,精度为 9 位,温度转换时间为 93.75ms;$R_1 R_0 = 01$ 时,精度为 10 位,温度转换时间为 187.5ms;$R_1 R_0 = 10$ 时,精度为 11 位,精度为 375ms;$R_1 R_0 = 11$ 时,精度为 12 位,温度转换时间为 750ms。由此可见,DS18B20 温度转换的时间比较长,而且设定的分辨率越高,所需要的温度数据转换时间就越长。因此,在实际应用中要权衡考虑分辨率和转换时间。

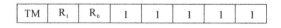

图 3-22　配置寄存器位定义

高速暂存 RAM 的第 6、7、8 字节保留未用,表现为全逻辑 1。第 9 字节是前面所有 8 字节的 CRC 码,可用来检验数据,从而保证通信数据的正确性。

当 DS18B20 接收到温度转换命令后,开始启动转换。转换完成后的温度值就以 16 位带符号扩展的二进制补码形式存储在高速暂存 RAM 的第 1、2 字节中。

单片机可以通过单线接口读出该数据。读数据时,低位在先,高位在后,数据格式以 0.0625 ℃/LSB形式表示。

温度值格式如图 3-23 所示。

	2^3	2^2	2^1	2^0	2^{-1}	2^{-2}	2^{-3}	2^{-4}
低字节	2^3	2^2	2^1	2^0	2^{-1}	2^{-2}	2^{-3}	2^{-4}
高字节	S	S	S	S	S	2^6	2^5	2^4

图 3-23 温度数据值格式

图中,S 表示符号位。当 S＝0 时,表示测得的温度值为正值,可以直接将二进制位转换为十进制;当 S＝1 时,表示测得的温度值为负值,要先将补码变成原码,再计算十进制值。表 3-1 是部分温度值对应的二进制温度的表示数据。

表 3-1 DS18B20 温度与表示值对应表

温度/℃	二进制表示	十六进制表示	温度/℃	二进制表示	十六进制表示
+125	0000 0111 1101 0000	07D0H	0	0000 0000 0000 0000	0000H
+85	0000 0101 0101 0000	0550H	−0.5	1111 1111 1111 1000	FFF8H
+25.0625	0000 0001 1001 0001	0191H	−10.125	1111 1111 0101 1110	FF5EH
+10.125	0000 0000 1010 0010	00A2H	−25.0625	1111 1110 0110 1111	FE6FH
+0.5	0000 0000 0000 1000	0008H	−55	1111 1100 1001 0000	FC90H

DS18B20 完成温度转换后,就把测得的温度值与 RAM 中的 TH、TL 字节内容进行比较,若 T>TH 或 T<TL,则将该器件内的报警标志位置位,并对主机发出的报警搜索命令做出响应。因此,可用多只 DS18B20 同时测量温度并进行报警搜索。

在 64 位 ROM 的最高有效字节中存储有循环冗余检验码(CRC)。主机根据 ROM 的前 56 位来计算 CRC 值,并与存入 DS18B20 的 CRC 值进行比较,以判断主机收到的 ROM 数据是否正确。

3) DS18B20 测温原理

如图 3-24 所示,图中低温度系数振荡器的振荡频率受温度的影响很小,用于产生固定频率的脉冲信号送给减法计数器 1;高温度系数振荡器随温度变化其振荡频率明显改变,所产生的信号作为减法计数器 2 的脉冲输入。

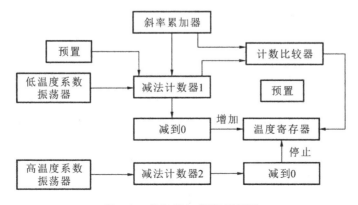

图 3-24 DS18B20 测温原理图

图 3-24 中还隐含着计数门,当计数门打开时,DS18B20 就对低温度系数振荡器产生的时钟脉冲进行计数,进而完成温度测量。计数门的开启时间由高温度系数振荡器来决定,每次测量前,首先将－55 ℃所对应的一个基数值分别置入减法计数器 1 和温度寄存器中。减法计数器 1 对低温度系数振荡器产生的脉冲信号进行减法计数。当减法计数器 1 的预置值减到 0 时,温度寄存器的值将加 1。减法计数器 1 的预置值将重新被装入。减法计数器 1 重新开始对低温度系数振荡器产生的脉冲信号进行计数。如此循环直到减法计数器 2 计数到 0 时,停止温度寄存器值的累加,此时温度寄存器中的数值即为所测温度。

4. DS18B20 的接口电路

DS18B20 传感器内部的程序使其可以只用一个端口就能与主机畅通无阻的通信。若所有电路元器件经由集电极开路门与主机连接时,在主机和 DS18B20 之间的控制线上要连接一个 4.7 kΩ 的电阻。在这个总线系统中,微处理器(控制设备)利用每一个设备的唯一 64 位码识别和寻址总线上的设备。由于每个装置独有的片序列码,总线可以连接的器件数目几乎可以说是无限的。DS18B20 的电源供给有两种方法:① 通过 V_{DD} 引脚引入一个直流 5 V 供电;② 将 V_{DD} 引脚连接到地线上使 DS18B20 操作在寄生模式下通过数据线供电。DS18B20 供电方式的最经典的一种接法是将一个外部电源从 V_{DD} 引脚接入,使用外部电源供电,其接法如图 3-25 所示。这种接法只需在控制线上接一个弱上拉电阻,而不需要强上拉电阻,并且总线在低电平时就能执行温度转换操作。

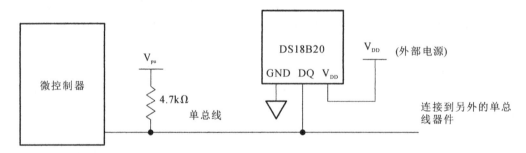

图 3-25　DS18B20 供电经典接口电路

◆ 3.4.4　系统软件设计

1. 软件设计思路

系统上电后,进行定时器的初始化操作,然后依次读取并显示五个温度传感器检测到的温度值,如果在读取的过程中按下了按键,则 LED 数码管上的温度显示暂停切换,直到再次按下按键为止。系统主程序流程图如图 3-26(a)所示。

程序设计中的关键在于对 DS18B20 的操作。需要发命令让 DS18B20 进行温度转换,然后读取 DS18B20 检测到的温度值,再将读取的温度值进行计算并转换成 BCD 码,还要进行温度正负值的判定,最后将温度值显示在 LED 数码管上。读出温度子程序的流程图如图 3-26(b)所示。

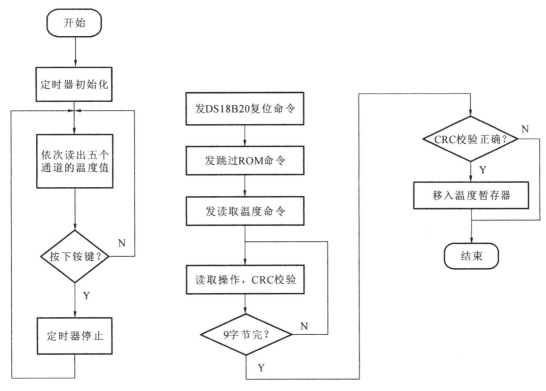

(a) 系统主程序流程图　　　　　　　　(b) 读取温度子程序流程图

图 3-26　程序流程图

2. 源程序

```c
#include<reg52.h>
#include<math.h>
#define uint unsigned int
#define uchar unsigned char
sbit DQ=P3^0;
sbit key=P3^7;
uchar code ds_rom1[]={0x28,0x22,0x22,0x22,0x00,0x00,0x00,0xca}; //U2ROM
uchar code ds_rom2[]={0x28,0x33,0x33,0x33,0x00,0x00,0x00,0xa0}; //U3ROM
uchar code ds_rom3[]={0x28,0x44,0x44,0x44,0x00,0x00,0x00,0xAF}; //U4ROM
uchar code ds_rom4[]={0x28,0x55,0x55,0x55,0x00,0x00,0x00,0xC5}; //U5ROM
uchar code ds_rom5[]={0x28,0x66,0x66,0x66,0x00,0x00,0x00,0x7B}; //U6ROM
int temp; //温度
bit temp_flag,value_flag;    //正负标志位
int t1,t2,t3,t4,t5,num=1;
/* DS18B20* /
void delayus(uchar x) //延时1us
{
    while(--x);
}
bit init_DS18B20()    //初始化函数
```

```
{
    bit Status_DS18B20;
    DQ=1;
    DQ=0;
    delayus(250);
    DQ=1;
    delayus(20);
    if (!DQ)
      Status_DS18B20=0;
    else
      Status_DS18B20=1;
    delayus(250);
    DQ=1;
    return Status_DS18B20;
}
uchar read_DS18B20()  //读数据
{
    uchar i=0,dat=0;
    for (i=0; i<8; i++) {
      DQ=1;
      DQ=0;
      dat >>=1;
      DQ=1;
      if (DQ)
        dat |=0x80;
      DQ=1;
      delayus(25);
    }
    return (dat);
}
void write_DS18B20(uchar dat)      //写数据
{
    uchar i;
    for (i=0; i<8; i++) {
      DQ=1;
      dat >>=1;
      DQ=0;
      DQ=CY;
      delayus(25);
      DQ=1;
    }
}
void Match_rom(uchar a) //匹配ROM
{
    uchar j;
```

```
        write_DS18B20(0x55);    //发送匹配 ROM 命令
        if (a==1) {
          for (j=0; j<8; j++)
          write_DS18B20(ds_rom1[j]);//发送 DB18B20 的序列号,先发送低字节
        }
        if (a==2) {
          for (j=0; j<8; j++)
            write_DS18B20(ds_rom2[j]);//发送 DB18B20 的序列号,先发送低字节
        }
        if (a==3) {
          for (j=0; j<8; j++)
            write_DS18B20(ds_rom3[j]);//发送 DB18B20 的序列号,先发送低字节
        }
        if (a==4) {
          for (j=0; j<8; j++)
            write_DS18B20(ds_rom4[j]);//发送 DB18B20 的序列号,先发送低字节
        }
        if (a==5) {
          for (j=0; j<8; j++)
            write_DS18B20(ds_rom5[j]);//发送 DB18B20 的序列号,先发送低字节
        }
}
void gettemp(uchar z)/* 读取温度值并转换* /
{
    uchar a,b;
    while (init_DS18B20())
        ;
    if (z==1) {
        Match_rom(1); //匹配 ROM 1
    }
    if (z==2) {
        Match_rom(2); //匹配 ROM 2
    }
    if (z==3) {
        Match_rom(3); //匹配 ROM 3
    }
    if (z==4) {
        Match_rom(4); //匹配 ROM 4
    }
    if (z==5) {
        Match_rom(5); //匹配 ROM 5
    }
    write_DS18B20(0x44); //* 启动温度转换* /
    while (init_DS18B20());
```

```c
    if (z==1) {
        Match_rom(1);      // 匹配 ROM 1
    }
    if (z==2) {
        Match_rom(2);// 匹配 ROM 2
    }
    if (z==3) {
        Match_rom(3);  // 匹配 ROM 3
    }
    if (z==4) {
        Match_rom(4);  // 匹配 ROM 4
    }
    if (z==5) {
        Match_rom(5);  // 匹配 ROM 5
    }
    write_DS18B20(0xbe);  /* 读取温度* /
    a=read_DS18B20();
    b=read_DS18B20();
    temp=b;
    temp<<=8;
    temp=temp | a;
    if (b >=8) {
        temp=~ temp+1;
        temp_flag=1;
    } else {
        temp_flag=0;
    }
    if (temp_flag==1)
        temp=temp*0.625*(-1);
    if (temp_flag==0)
        temp=temp*0.625;
    if (z==1)
        t1=temp;
    if (z==2)
        t2=temp;
    if (z==3)
        t3=temp;
    if (z==4)
        t4=temp;
    if (z==5)
        t5=temp;
}
/* * * * * * * * * * * * * * * * * * * * * * * * * * * * * * * * * *
延时 1ms
```

```
* * * * * * * * * * * * * * * * * * * * * * * * * * * * /
void delay(unsigned int time) {
    unsigned int j=0;
    for ( ; time >0; time--)
        for ( j=0; j<125; j++)
            ;
}
unsigned char code LED[]={0x3f,0x06,0x5b,0x4f,0x66,0x6d,0x7d,0x07,0x7f,0x6f};
/* * * * * * * * * * * * * * * * * * * * * * * * * * * * * * *
控制显示
* * * * * * * * * * * * * * * * * * * * * * * * * * * * * * * /
void display_num(int tempop) {
    int tempo;
    tempo=abs(tempop);
    //小数位
    if (tempop >0) {
        P0=LED[tempo /1000];
        P2=~(0x01);
        delay(1);
        P2=0xff;
    }
    else {
        P0=0x40;
        P2=~(0x01);
        delay(1);
        P2=0xff; }
    //个位
    P0=LED[tempo%1000/100];
    P2=~(0x02);
    delay(1);
    P2=0xff;
    //十位
    P0=LED[tempo%100 /10] | 0x80;
    P2=~(0x04);
    delay(1);
    P2=0xff;
    //符号位
    P0=LED[tempo%10];
    P2=~(0x08);
    delay(1);
    P2=0xff;
}
void initT0() {
    TMOD=0x01;
```

```
    TH0=(65536-50000)/256;
    TL0=(65536-50000)% 256;
    EA=1;
    ET0=1;
    TR0=1;
}
uchar whichs=0;
uchar counttt=0;
void main() {
    initT0();//初始化定时器
    //为了更新温度值,让仿真稳定一些
    gettemp(1); //读取第一个温度计
    gettemp(2); //读取第二个温度计
    gettemp(3); //读取第三个温度计
    gettemp(4); //读取第四个温度计
    gettemp(5); //读取第五个温度计
    gettemp(1); //读取第一个温度计
    gettemp(2); //读取第二个温度计
    gettemp(3); //读取第三个温度计
    gettemp(4); //读取第四个温度计
    gettemp(5); //读取第五个温度计
    while (1) {
      if (whichs==0) {
        gettemp(1); //读取第一个温度计
        delay(1);
        display_num(t1);
      } else if (whichs==1) {
        gettemp(2); //读取第二个温度计
        delay(1);
        display_num(t2);
      } else if (whichs==2) {
        gettemp(3); //读取第三个温度计
        delay(1);
        display_num(t3);
      } else if (whichs==3) {
        gettemp(4); //读取第四个温度计
        delay(1);
        display_num(t4);
      } else if (whichs==4) {
        gettemp(5); //读取第五个温度计
        delay(1);
        display_num(t5);
      }
      if(key==0)
```

```
        {
            while(key==0);
            TR0=!TR0;
        }
    }
}
void timer_0()
interrupt 1
    {
    TH0=(65536-50000)/256;
    TL0=(65536-50000)% 256;
    counttt++;
    if(counttt==20)
    {
        counttt=0;
        whichs=(whichs+1) % 5;//每隔一秒变化需要显示的是哪个温度传感器
        P1=(1<<whichs);//灯
    }
}
```

3.4.5　系统调试

系统仿真调试界面如图 3-27 所示。系统上电后,五个温度传感器采集不同地方的环境温度数据,利用单片机将所采集到的数据轮流显示在数码管上。图 3-27(a)所示为第一个温度传感器采集的温度数据 12 ℃,图 3-27(b)所示为第五个温度传感器采集的温度数据 5 ℃,图 3-27(c)所示为经过一段时间后第五个温度传感器采集的温度数据 8 ℃。

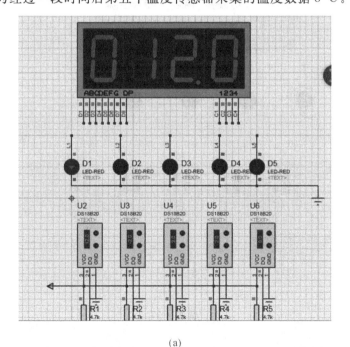

(a)

图 3-27　系统仿真调试图

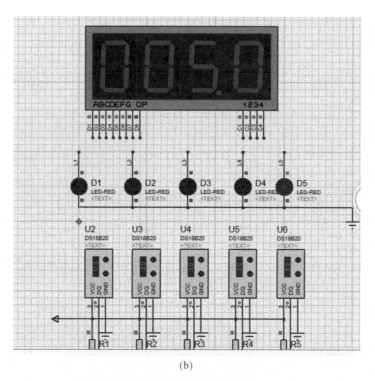

(b)

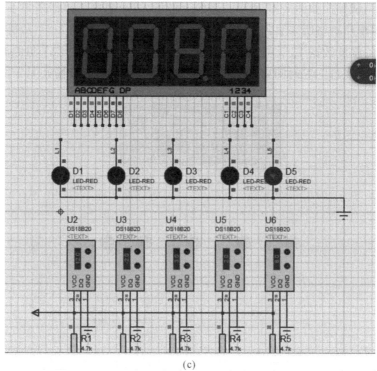

(c)

续图 3-27

3.5 光照测试仪设计

3.5.1 系统需求分析

光照测试仪是照明设计中基本的测量仪器。光照测试仪的应用非常广泛,主要有以下几个方面:① 一般公共场所应用,我国制定了有关室内公共场所照度标准,对公共场所的光照强度应进行实时监测;② 工厂生产应用,在工厂生产线上的照度要求比较严格,过强或者过弱的光照强度都会引起人的视觉疲劳,大大降低工作效率,通常照度要求≥1000lx;③ 灯饰生产业、摄影业、舞台灯光布置等方面。

本系统的设计的具体要求如下。

(1) 对光照强度进行实时采集,光照强度的测量范围为:1~10000lx,精度为±20%。

(2) 有显示屏实时显示光照强度值和预设的峰值。

(3) 可以设定光照强度的最大值和最小值。

(4) 当光照强度测量值达到预设的峰值时,进行报警。

3.5.2 系统设计方案

本系统主要由控制模块、按键模块、显示模块和光照检测模块等部分组成。其中按键可用于设置光照度的阈值。光照检测模块实时检测光照度并将照度值显示在屏幕上,一旦照度值超出阈值,则蜂鸣器报警。光照测试仪的系统结构框图如图 3-28 所示。

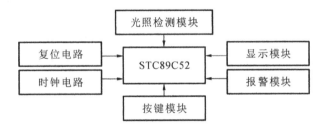

图 3-28 光照测试仪系统结构框图

3.5.3 系统硬件设计

系统硬件电路原理图如图 3-29 所示。图中,STC89C52 和时钟电路、复位电路构成单片机最小系统。显示模块采用 LCD1602 显示屏。蜂鸣器连接在 P2.1 引脚,用于报警。按键分别连接在 P1.2、P1.3、P1.4 引脚,K1 用于启动设置,K2 用于增加阈值,K3 用于减小阈值。P1.0 和 P1.1 引脚接 LED 灯,用于发光报警。光照检测模块使用了 GY-30 光照度传感器,其 VCC 端口连接电源,ADDR 和 GND 端口接地,SCL 端口和 SDA 端口分别连接到单片机的 P3.5 和 P3.6 引脚。

GY-30 光照度传感器主要采用了 BH1750FVI 芯片,BH1750FVI 是一种用于两线式串行总线接口的数字型光强度传感器集成电路。这种集成电路可以根据采集的光线强度数据来调整液晶或者键盘背景灯的亮度。利用它的高分辨率可以探测较大范围的光强度变化。BH1750FVI 的指令集合,如表 3-2 所示。

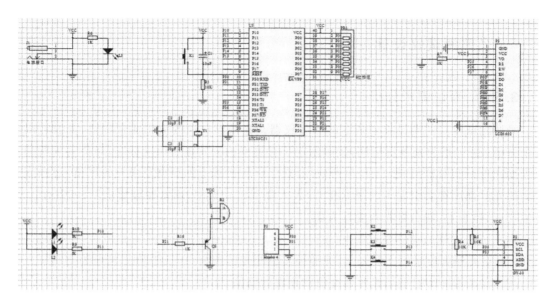

图 3-29 系统硬件电路原理图

表 3-2 BH1750FVI 指令集合

指　　令	功 能 代 码	注　　释
断电	0000_0000	无激活状态
通电	0000_0001	等待测量指令
重置	0000_0111	重置数字寄存器值,重置指令在断电模式下不起用
连续 H 分辨率模式	0001_0000	在 1lx 分辨率下开始测量。测量时间一般为 120 ms
连续 H 分辨率模式 2	0001_0001	在 0.5lx 分辨率下开始测量。测量时间一般 120 ms
连续 L 分辨率模式	0001_0011	在 4llx 分辨率下开始测量。测量时间一般为 16ms
一次 H 分辨率模式	0010_0000	在 1lx 分辨率下开始测量,测量时间一般为 120 ms,测量后自动设置为断电模式
一次 H 分辨率模式 2	0010_0001	在 0.5lx 分辨率下开始测量,测量时间一般为 120 ms,测量后自动设置为断电模式
一次 L 分辨率模式	0010_0011	在 4llx 分辨率下开始测量,测量时间一般为 16 ms,测量后自动设置为断电模式
改变测量时间(高位)	01000_MT[7,6,5]	改变测量时间
改变测量时间(低位)	011_MT[4,3,2,1,0]	改变测量时间

3.5.4 系统软件设计

1. 软件设计思路

系统上电后,光照检测模块开始检测当前的光照度,并将检测值实时传送给单片机,单片机接收到光强度数据后,将光强度数据送往 LCD1602 显示,并判断其值是否达到设定的峰值,若达到则声光报警。另外可判断按键是否按下,若有按键按下则对峰值进行相应的设置。系统主程序流程图如图 3-30 所示。

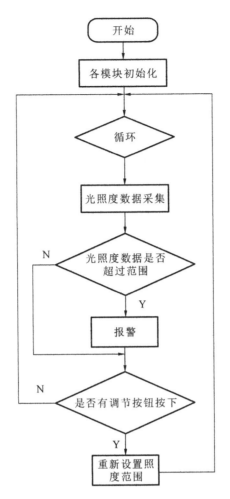

图 3-30 系统主程序流程图

2. 源程序

```c
# include<reg52.h>
# include<intrins.h>
# define uchar unsigned char
# define uint unsigned int
float dis_temp;
uchar Set_flag=0;
uint Lim_H=10000;
uint Lim_L=300;
sbit LED_H=P1^0;        //上限报警指示灯
sbit LED_L=P1^1;        //下限报警指示灯
sbit KEY1=P1^2;         //设置按键
sbit KEY2=P1^3;         //阈值上限按键
sbit KEY3=P1^4;         //阈值下限按键
sbit BEEP=P2^1;
void delayms(uint xms)
```

```
{
    uchar i;
    for(;xms>0;xms--)
    {
        for(i=125;i>0;i--);
    }
}
# include "BH1750.C"
# include "LCD1602.H"
void keyscan()
{
    if(!KEY1)
    {
        delayms(8);
        if(!KEY1)
        {
            Set_flag++;
            if(Set_flag>2)
            Set_flag=0;
            while(!KEY1);
        }
    }
    switch(Set_flag)
    {
        case 1:
            if(!KEY2)
            {
                delayms(8);
                if(!KEY2)
                {
                    if(Lim_H<60000)
                    Lim_H+=100;
                    while(!KEY2);
                }
            }
            else if(!KEY3)
            {
                delayms(8);
                if(!KEY3)
                {
                    if(Lim_H>100)
                    Lim_H-=100;
                    while(!KEY3);
```

```
            }
        }
        break;
    case 2:
        if(!KEY2)
        {
            delayms(8);
            if(!KEY2)
            {
                if(Lim_L<60000)
                Lim_L+=100;
                while(!KEY2);
            }
        }
        else if(!KEY3)
        {
            delayms(8);
            if(!KEY3)
            {
                if(Lim_L>100)
                Lim_L-=100;
                while(!KEY3);
            }
        }
        break;
    }
}
void  Multiple_Read_BH1750();        //连续的读取内部寄存器数据
void main()
{
delay_nms(100);         //延时 100ms
 Init_BH1750();          //初始化 BH1750
init_1602();
while(1)
{
    Single_Write_BH1750(0x01);        //power on
    Single_Write_BH1750(0x10);        // H-resolution mode
    delay_nms(80);                    //延时 180ms
    Multiple_Read_BH1750();           //连续读出数据,存储在 BUF 中
    dis_data=BUF[0];
    dis_data=(dis_data<<8) +BUF[1]; //合成光照数据
    dis_temp=(float)dis_data/1.2;
    display();
```

```
        keyscan();
    }
}
```

◆ 3.5.5 系统调试

在确认硬件系统无误后,使用下载软件将 keil 软件生成的 hex 文件下载到单片机内,然后进行调试。

(1)将光源靠近或者远离 GY-30 光照度传感器模块,LCD1602 上的光照强度的数值相应的增大或者减小,表示光照度传感器能够正常工作。测试结果如图 3-31 所示。

(2)测试报警模块是否正常工作,用手遮挡 GY-30 光照度传感器模块,减小光照强度,当光照强度达到最小值后,蜂蜜器报警,右侧二极管点亮。将光源靠近 GY-30 光照度传感器模块,增大光照强度,当光照强度达到最大值后,蜂鸣器报警,左侧二极管点亮。报警模块正常工作。测试结果如图 3-32 所示。

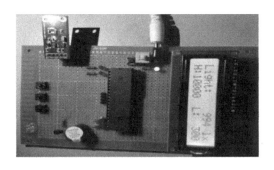

图 3-31 GY-30 光照度传感器调试结果图

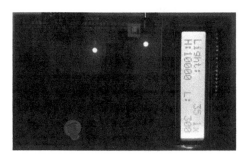

图 3-32 报警调试实物图

3.6 指纹识别系统设计

◆ 3.6.1 系统需求分析

指纹,也称为手印,指人的手指第一节手掌面皮肤上的乳突线花纹。由于在人的手指、手掌面的皮肤上,有大量的汗腺和皮脂腺,只要生命活动存在,就不断地有汗液、皮脂液排出,类似于原子印章不断有油墨渗到印文表面,因此,只要手指、手掌接触到物体表面,就会像原子印章一样留下印痕。并且它们的复杂度足以提供用于鉴别的足够特征。由于指纹是每个人独有的标记,指纹已经逐渐成为人类生物信息的代表,依据指纹即可准确快速地识别人的身份。如今为了更快更准的鉴别指纹,专业的指纹识别系统应运而生,通过对指纹图案的采样、特征信息的提取、与库存样本的比对等一系列过程来实现身份识别的技术。指纹识别具有不会丢失、不会遗忘、特征唯一、不会改变、防伪性好等优点。

随着科技的进步,指纹识别技术已经开始慢慢进入计算机世界中。许多公司和研究机构都在指纹识别技术领域取得了突破性进展,推出许多指纹识别与传统 IT 技术完美结合的应用产品,这些产品已经被越来越多的用户所认可。指纹识别技术多用于对安全性要求比较高的商务领域,而在商务移动办公领域颇具建树的富士通、三星及 IBM 等国际知名品牌都拥有相关技术与应用较为成熟的指纹识别系统。从第一代的光学指纹识别系统,到第二代的电容式传感器指纹识别系统,再到现在第三代生物射频指纹识别系统,无论是在指纹识别的准确率,还是在识别系统的便携程度上,都得到了较大的提升。

本指纹识别系统要求实现以下功能。

(1)具备指纹添加功能。利用指纹模块采集不同的指纹,将采集到的指纹储存在指纹库中,并给予相应的指纹编号。

(2)具备指纹匹配功能。可以将临时采集到的指纹和已经储存在指纹库中的指纹进行匹配,匹配成功后会显示对应的指纹编号。

(3)具备指纹删除功能。如果有需要,可以清空指纹库,将指纹库中所存储的指纹全部删除。

◆ 3.6.2 系统设计方案

指纹识别系统主要应用于企事业单位考勤打卡、安防门禁、手机解锁及支付等一些需要较高级别人类生物信息认证的场景。指纹,由于其具有终身不变性、唯一性和方便性,已几乎成为生物特征识别的代名词,指纹识别技术也是目前最成熟且价格便宜的生物特征识别技术。目前来说指纹识别的技术在生物特征识别上应用最为广泛,经过多年的研究发展,指纹识别技术已经形成了一个庞大的体系,拥有多样的识别方式,其中最为人们所熟知的是光学指纹识别。在价格、体积、精度等方面都表现稳定的光学指纹识别系统,搭配同样性价比极高的单片机控制器,可以达到大多数使用者的需求。

本指纹识别系统由单片机控制模块、液晶显示模块、按键模块和指纹识别模块构成。系统采用 STC12C5A60S2 作为主控制器,液晶显示模块采用 LCD1602。按键模块有 5 个独立按键,以实现系统不同功能的切换。当检测到键盘输入指纹采集命令时,指纹传感器就会对指纹进行采集及预处理。主控制器 STC12C5A60S2 负责发送指纹采集、识别和删除命令,以及控制 LCD 显示等。系统结构框图如图 3-33 所示。

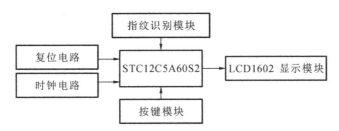

图 3-33　指纹识别系统结构框图

◆ 3.6.3 系统硬件设计

系统硬件电路原理图如图 3-34 所示。图中,STC12C5A60S2 和时钟电路、复位电路构成单片机最小系统。指纹识别模块 AS608 的 TXD 脚对应连接单片机的 P1.2/RX2 脚,RXD 脚对应连接单片机的 P1.3/TX2 脚。指纹识别模块的通信速率为 57600 波特。通过编写程序,能够实现指纹录入、搜索、清空等功能。

系统中使用到的关键器件是光学指纹识别模块(ATK-AS608),现简要介绍如下。

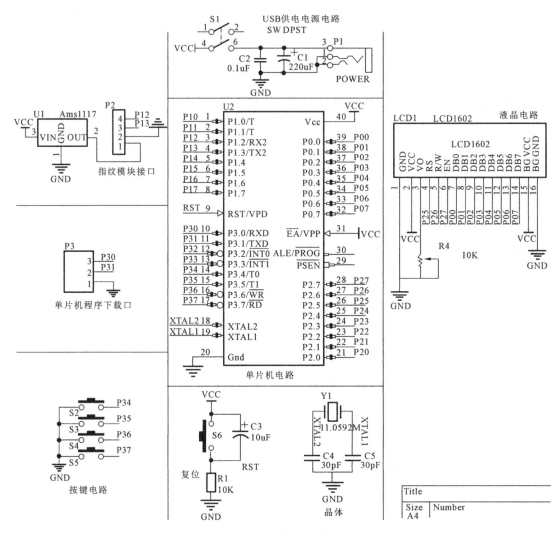

图 3-34　系统硬件电路原理图

1. 指纹模块特性参数

光学指纹识别模块（ATK-AS608）内部的指纹识别芯片是 AS608。模块芯片内置 DSP 运算单元，集成了指纹识别算法，能高效快速采集图像并识别指纹特征。模块算法完成读取指纹图像、建立指纹特征数据、整合模板、模板对比等工作，用户无须研究复杂的图像处理及指纹识别算法，只需通过简单的串口、USB 按照通信协议便可控制模块。模块技术参数如表 3-3 所示。模块引脚如表 3-4 所示。

表 3-3　指纹模块技术参数

项　　目	说　　明
工作电压/V	3.0 V～3.6 V，典型值：3.3 V
工作电流/mA	30 mA～60 mA，典型值：40 mA
USART 通信	波特率（9600×N），N＝1～12。默认 N＝6，bps＝57600 （数据位：8；停止位：1；校验位：none；TTL 电平）
USB 通信	2.0FS（2.0 全速）

续表

项 目	说 明
传感器图像大小/pixel	256×288
图像处理时间/s	<0.4 s
上电延时/s	<0.1 s,模块上电后需要约 0.1 s 初始化工作
搜索时间/s	<0.3 s
拒真率(FRR)	<1%
认假率(FAR)	<0.001%
指纹存容量	300 枚(ID:0～299)
工作环境	温度(℃):-20 ℃～60 ℃,湿度<90%(无凝露)

表 3-4　AS608 模块引脚描述

序 号	名 称	说 明
1	Vi	模块电源正输入端
2	Tx	串行数据输出,TTL 逻辑电平
3	Rx	串行数据输入,TTL 逻辑电平
4	GND	信号地,内部与电源地连接
5	WAK	感应信号输出,默认高电平有效
6	Vt	触摸感应电源输入端,3 V 供电
7	U+	USB D+
8	U-	USB D-

2. 指纹模块内部资源

1)缓冲区与指纹库

指纹模块系统内设有一个 72 KB 的图像缓冲区与两个 512B 大小的特征文件缓冲区,分别命名为:ImageBuffer,CharBuffer1 和 CharBuffer2。用户可以通过指令读写任意一个缓冲区。CharBuffer1 或 CharBuffer2 既可以用于存放普通特征文件,也可以用于存放模板特征文件。通过 UART 口上传或下载图像时为了加快速度,只用到像素字节的高 4 位,即将两个像素合成一个字节传送。通过 USB 口传输时则可以直接传递一个像素字节。

指纹库容量根据挂接的 FLASH 容量不同而不同,系统会自动判别。指纹模板按照序号存放,序号定义为:0～(N-1)(N 为指纹库容量)。用户只能根据序号访问指纹库内容。

2)用户记事本

系统在 FLASH 中开辟了一个 512B 的存储区域作为用户记事本,该记事本逻辑上被分成 16 页,每页 32B。上位机可以通过 PS_WriteNotepad 指令和 PS_ReadNotepad 指令访问任意一页。

 注意:

　　写记事本某一页的时候,该页 32B 的内容被整体写入,原来的内容被覆盖。

3) 随机数产生器

系统内部集成了硬件 32 位随机数生成器(不需要随机数种子),用户可以通过指令让模块产生一个随机数并上传给上位机。

3.6.4 系统软件设计

1. 软件设计思路

系统上电后,首先初始化各模块,然后进入待机状态,等待功能键按下。开始按键负责初始化所有模块。按键 1 负责采集指纹,指纹识别模块将采集到的两张图片进行合成并赋予编号存储起来。按键 2 负责识别指纹,将采集到的指纹与指纹库相比较,判断此次采集的指纹是否存在,若存在将会显示识别成功并显示指纹编号,若不存在则显示指纹不存在,有误。按键 3 负责删除某一指纹。按键 4 负责删除全部指纹。系统主程序流程图如图 3-35 所示。

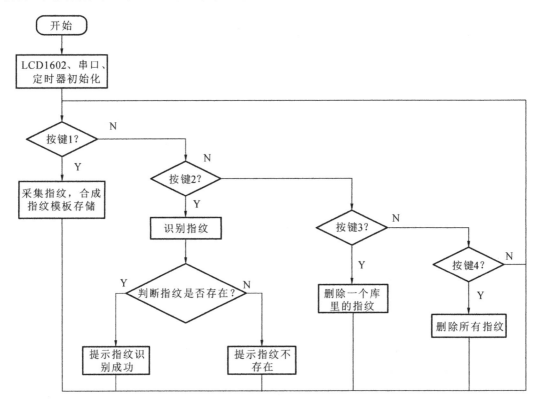

图 3-35 系统主程序流程图

2. 源程序

```
# include<reg52.h>
# include "FM180.h"
# include "IndeUart2.h"
# include "keys.h"
# include "LCD1602.h"
# include "Timer0.h"
# include "eeprom.h"
unsigned char MS200_Con=0;//定时 200ms
```

```c
unsigned char View_Change=1;//更新一次显示
unsigned char View_Con=0;
//0无操作,1储存指纹,2识别指纹,3删除指纹,4删除操作成功,5储存操作成功,6识别操作成功,
7操作失败
void delay500ms(void)     //延迟 500ms
{
    unsigned char a,b,c;
    for(c=246;c>0;c--)
        for(b=212;b>0;b--)
            for(a=25;a>0;a--);
}
void main()
{
    Init_Lcd1602();
    Uart2_Init();
    Timer0_Init();
    // IAP_WriteBuffer(1,0,FM180_Adress_Con,35);
    IAP_ReadBuffer(1,0,FM180_Adress_Con,35);
    while(1)
    {
      if(View_Change)
      {
        View_Change=0;
        switch(View_Con)
        {
          case 0:
          {
            Lcd_1602_word(0x80,16,"Please Use      ");
            Lcd_1602_word(0xc0,16,"                ");
            break;
          }
          case 1:
          {
            Lcd_1602_word(0x80,0x10,"* * Fingerprint* * * ");//储存指纹界面
            Lcd_1602_word(0xC0,0x10,"    Recording    ");
            FM180_Reserve_EN=1;
            break;
          }
          case 2:
          {
            Lcd_1602_word(0x80,0x10,"* * Fingerprint* * * ");//识别指纹界面
            Lcd_1602_word(0xC0,0x10," Identification ");
            FM180_Identify_EN=1;
```

```
        break;
    }
    case 3:
    {
      Lcd_1602_word(0x80,0x10,"* * Fingerprint* * * ");//识别指纹界面
      Lcd_1602_word(0xC0,0x10,"   Delet One     ");
      FM180_Identify_EN=1;
      break;
    }
    case 4:
    {
      Lcd_1602_word(0x80,0x10,"* * Fingerprint* * * ");//删除成功
      Lcd_1602_word(0xC0,0x10,"Delet Successful");
      FM180_Clear_Reserve();
      delay500ms();delay500ms();
      delay500ms();delay500ms();
      View_Change=1;
       View_Con=0;
      IAP_WriteBuffer(1,0,FM180_Adress_Con,35);
      break;
    }
    case 5:
    {
      Lcd_1602_word(0x80,0x10,"   Successful    ");//储存成功
      Lcd_1602_word(0xC0,0x10,"ID_Num:         ");
      LCD_WriteCom(0xce);
      LCD_WriteData((FM180_User_Address_Data+1) /10+0x30);
      LCD_WriteData((FM180_User_Address_Data+1) % 10+0x30);
      delay500ms();delay500ms();
      delay500ms();
      delay500ms();
      View_Change=1;
      View_Con=0;
      IAP_WriteBuffer(1,0,FM180_Adress_Con,35);
      break;
    }
    case 6:
    {
      Lcd_1602_word(0x80,0x10,"   Successful    ");//识别成功
      Lcd_1602_word(0xC0,0x10,"ID_Num:         ");
      LCD_WriteCom(0xce);
      LCD_WriteData((FM180_SearchNumber+1) /10+0x30);
      LCD_WriteData((FM180_SearchNumber+1) % 10+0x30);
```

```
        delay500ms();delay500ms();
        delay500ms();delay500ms();
        View_Change=1;
        View_Con=0;
        break;
    }
    case 7:
    {
        Lcd_1602_word(0x80,0x10,"--ERROR--ERROR--");//操作失败
        Lcd_1602_word(0xC0,0x10,"------ERROR-----");
        delay500ms();delay500ms();
        delay500ms();delay500ms();
        View_Change=1;
        View_Con=0;
        break;
    }
    }
}
if(Key_Change)
{
    Key_Change=0;
    View_Change=1;
    switch(Key_Value)
    {
        case 1:
        {
            if(View_Con==0)
            {
                View_Con=1;
            }
            break;
        }
        case 2:
        {
            if(View_Con==0)
            {
                View_Con=2;
            }
            break;
        }
        case 3:
        {
            if(View_Con==0)
```

```
            {
              View_Con=3;
            }
            break;
          }
        case 4:
          {
            Lcd_1602_word(0x80,0x10,"   Clear   ALL   ");//删除所有
             Lcd_1602_word(0xC0,0x10,"                ");
            FM180_Clear_All();
            IAP_WriteBuffer(1,0,FM180_Adress_Con,35);
            delay500ms();delay500ms();
            delay500ms();delay500ms();
            View_Change=1;
             View_Con=0;
          break;
          }
        }
      }
  if(FM180_Reserve_Change!=0)
  {
    if(FM180_Reserve_Change==1) //储存成功
    {
      View_Change=1;
      View_Con=5;
    }
    else
    {
      View_Change=1;
      View_Con=7;
    }
    FM180_Reserve_Change=0;
  }
  if(FM180_Identify_Change!=0)
  {
      if(FM180_Identify_Change==1)
      {
        if(View_Con==3)
          View_Con=4;
        else
          View_Con=6;
        View_Change=1;
      }
```

```
        else
        {
          View_Change=1;
          View_Con=7;
        }
        FM180_Identify_Change=0;
    }
    if(MS200_Con>=20)
    {
        MS200_Con=0;
        if(FM180_Identify_EN)
        {
          FM180_Finger_Identify();
        }
        if(FM180_Reserve_EN)
        {
          FM180_Finger_Reserve();
        }
    }
  }
}
/*
功能描述：定时器 0 中断函数
函数参数：无
返回说明：无
*/
void Timer0_Interrupt(void) interrupt 1// 定时器 0 中断函数
{
    TH0=0xDC;// 重置定时时间,如果初始化使用的是定时方式 2 则不需要重置
    TL0=0x00;
    Key_Acquisition();
    MS200_Con++;
}
```

3.6.5 系统调试

在确认硬件系统无误后,使用下载软件将 Keil 软件生成的 HEX 文件下载到单片机内,然后进行调试。

系统共有三大功能,分别是添加指纹、识别指纹和删除指纹。

1.添加指纹

按下第一个按键后,即可进入添加指纹功能的界面,屏幕提示记录指纹。记录的每一个指纹都有 ID 号,如 01、02 等。当成功录入指纹后,屏幕会有成功录入指纹的提示并开始编号。界面如图 3-36 所示。

2. 识别指纹

当系统存入多个指纹时,要怎么分辨用户的指纹是哪一个的时候,识别指纹的功能就可以很好地解决这一问题。当按下第二个按键的时候,屏幕显示有鉴定指纹的提示。当用户把手指放上去之后,系统就会根据用户的指纹特征去分辨指纹并且在屏幕上显示该指纹的ID。界面如图 3-37 所示。

3. 删除指纹

当系统存入指纹数量过多而不能继续存入指纹的时候,可以使用删除指纹功能。删除指纹功能又分为删除单个指纹和删除所有指纹。当选择删除单个指纹的时候,可以删除刚刚录入的指纹。删除所有指纹就是把之前录入的所有指纹全部删除。删除界面如图 3-38、图 3-39 和图 3-40 所示。

　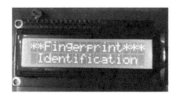　

图 3-36　添加指纹界面　　　　图 3-37　识别指纹界面　　　　图 3-38　删除单个指纹

　　　　　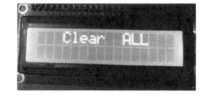

图 3-39　删除成功　　　　　　　图 3-40　删除所有指纹

3.7　色彩识别系统设计

◆ 3.7.1　系统需求分析

随着现代工业生产向高速化、自动化方向的发展,生产过程中长期以来由人眼起主导作用的颜色识别工作将越来越多地被颜色传感器所替代。例如,包装行业中利用不同的颜色和装潢来表示产品的不同性质或用途;图书馆里利用颜色区分不同类的文献,从而提高排架管理和统计等工作的效率。

色彩识别系统就是利用颜色传感器识别出当前物体的具体颜色并可以通过显示屏将对应颜色显示出来,利用这一特点可以将该系统扩展到其他和颜色有关的应用上,如物品分拣、水果等级划分等。

通常我们所看到的物体颜色,实际上是物体表面吸收了照射到其上的白光(日光)中的一部分有色成分,进而反射出的另一部分有色光在人眼中的反应。白色是由各种频率的可见光混合在一起构成的,也就是说白光中包含着各种颜色的色光。根据德国物理学家赫姆霍兹的三原色理论可知,颜色是由不同比例的光学三原色(红、绿、蓝)混合而成的。

3.7.2　系统设计方案

1. 基于机器视觉的色彩识别

基于机器视觉的色彩识别的基本工作原理是：给予合适的光照强度或者亮度，用工业相机来拍照工件或者被测目标，然后将拍摄得到的图像信号传输给图像处理系统，完成 A/D 转换、解码和滤波后再传给中央处理器，中央处理器将处理好的图像信号进行颜色信息的提取。对于要求不同的系统，其图像识别的算法也不同。这种系统一般需要用到很多的算法，实现起来比较复杂。因此考虑到成本方面的问题，一般只有比较大型的企业或者工厂才会考虑投入生产使用。

2. 基于颜色传感器的颜色检测

1）光电式的色标传感器

该传感器获取颜色信息的基本方法是让光源垂直于目标物品放置，再让探测器与该被测物成一定的夹角（最好是锐角），这样色标传感器接收到的就只是散射光。因此色标传感器不是直接测量物品的颜色，它是通过与参考的标准色进行对比，然后得出检测结果。通常它采用单色 LED 光或者白炽灯作为检测光源。但是因为白炽灯不能用于延时，故不适合在强烈冲击和振动的环境下工作。

2）RGB 颜色传感器

一般这种传感器都有三种颜色（三基色）的光源。对于不同色彩的待测目标，反射回来的三种颜色的比率也是不同的。大多数厂家的 RGB 颜色传感器都有具体的性能参数，大多数都在其内部设置了某一特定形式的图标或者阈值，在使用的过程中，利用这些给定的参数就可以确定操作特性了。在应用的时候，厂家或用户可能更加看重的是检测过程中一种颜色到另一种颜色的变化过程中探测器的分辨能力，并且探测器对这一变化的信号能迅速做出反应。这个时候，用户可能更加注重检测的正确率，速度的问题就其次了。也就是说，如果要达到 100% 的正确率，最好是使用 RGB 颜色传感器。

3）液晶颜色传感器

液晶颜色传感器由一种能够滤除红外波段的玻璃材质的滤光片、能够使白光（复色光）产生双折射的液晶材料和 PN 结型的光电二极管组成。它的工作机理是采用玻璃材质的特制滤光片来滤除复色光中的超红外的波段（即波长大于 680nm 的长波段），这样就会导致入射到液晶材料上的目标波段的色光在经过液晶材料时发生双折射，有了光程差，这样光的辐射强度就会变化。接下来由 PN 结型的光电探测器将检测到的光辐射变化与标准的颜色参照物进行对比，便可以知道待测物的色彩了。光电探测器的输出电压会发生变化，采用这样的差量法更加有效，能很好地辨别颜色差异较小的两个个体。

本色彩识别系统由单片机控制模块、液晶显示模块和颜色识别模块构成。系统采用 STC89C52 作为主控制器，液晶显示模块采用 LCD1602。系统结构框图如图 3-41 所示。

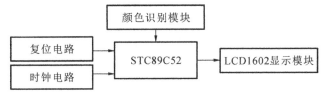

图 3-41　色彩识别系统结构框图

◆ 3.7.3 系统硬件设计

系统硬件电路原理图如图 3-42 所示。图中,STC89C52 和时钟电路、复位电路构成单片机最小系统。颜色探测器的 S3 和 S2 端口分别与单片机的 P1.0 和 P1.1 连接,这样,就可以通过 STC89C52 的 P1 口来控制颜色探测器的滤波模式,引脚 7(OUT)与 STC89C52 的 P3.5 口连接,作为脉冲信号输出的端口。

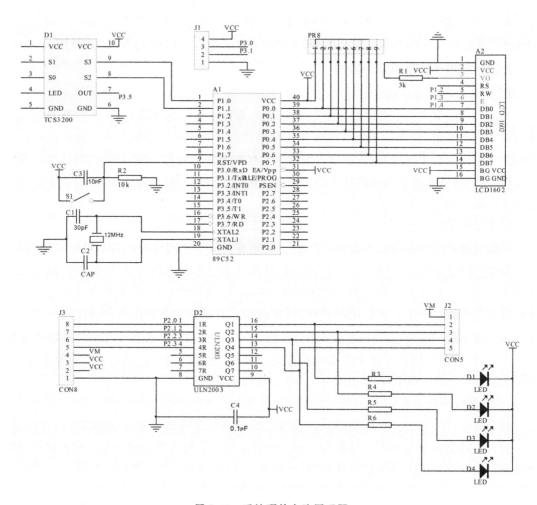

图 3-42 系统硬件电路原理图

系统中使用到的关键器件是颜色识别模块(TCS230),它是 TAOS(Texas Advanced Optoelectronic Solutions)公司推出的一款可编程彩色光与频率的转换器。TCS230 将可配置的硅光电二极管与电流-频率转换器集成在一个单一的 CMOS 电路上,同时在单一芯片上集成了红绿蓝(RGB)三种滤光器,是业界第一个有数字兼容接口的 RGB 彩色传感器。TCS230 的输出信号是数字量,可以驱动标准的 TTL 或 CMOS 逻辑输入,因此可直接与微处理器或其他逻辑电路相连接。由于其输出的是数字量,并且能够实现每个彩色信号 10 位以上的转换精度,因而不再需要 A/D 转换电路,使电路变得更简单。

在 TCS230 颜色传感器的内部集成有 64 个光电二极管,这些二极管共分为四种类型。

其中有 16 个光电二极管带有红色滤波器,16 个光电二极管带有绿色滤波器,16 个光电二极管带有蓝色滤波器,其余 16 个光电二极管不带有任何滤波器,可以透过全部的光信息。这些光电二极管在芯片内是交叉排列的,能够最大限度地减少入射光辐射的不均匀性,从而增加颜色识别的精确度。另一方面,相同颜色的 16 个光电二极管是并联连接的,且均匀分布在二极管阵列中,可以消除颜色的位置误差。工作时,可以通过两个可编程的引脚动态选择所需要的滤波器。该传感器的典型输出频率范围为 2Hz~500kHz,用户还可以过两个可编程引脚来选择 100%、20%、2% 的输出比例因子,或者选择电源关闭模式。输出比例因子使传感器的输出能够适应不同的测量范围,提高了传感器的适应能力。TCS230 的引脚和功能框图如图 3-43 所示。

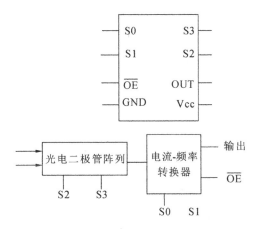

图 3-43 TCS230 引脚和功能框图

由图 3-43 可知,当入射光投射到 TCS230 上时,通过光电二极管控制引脚 S2、S3 的不同组合,可以选择不同的滤波器;经过电流-频率转换器后输出不同频率的方波(占空比是50%),不同颜色和光强对应不同频率的方波;还可以通过输出定标控制引脚 S0、S1,选择不同的输出比例因子,对输出频率范围进行调整,以适应不同的需求。

TCS230 的各引脚功能如表 3-5 所示,其中 S0、S1 的组合如表 3-6 所示,S2、S3 的组合如表 3-7 所示。

表 3-5 TCS230 引脚功能表

引　　脚	功　　能
S0,S1	用于选择输出的比例因子或电源关断模式
S2,S3	用于选择滤波器的类型
$\overline{OE}$	频率输出使能引脚,可以控制输出的状态,当有多个引脚共用单片机的输入引脚时,可作为片选信号
OUT	频率输出引脚
GND	芯片的接地端
V_{CC}	芯片的工作电压端

表 3-6　S0、S1 组合开关

S0	S1	输出频率比例 f
低	低	关闭电源
低	高	2%
高	低	20%
高	高	100%

表 3-7　S2、S3 组合滤波表

S2	S3	滤波器类型
低	低	红
低	高	蓝
高	低	无
高	高	绿

　　根据三原色感应原理,TCS230 的工作原理就是通过选择颜色滤波器得到 R、G、B 的三个值,将这三个值与标准进行对比,从而分析出当前物体的颜色。所谓标准,就是在测试时进行白平衡校准,也就是告诉系统什么是白色。理论上来说,白色是由等量的红色、绿色和蓝色混合而成的,但实际上,TCS230 传感器对三种基本色的敏感性是不相同的,因此导致测试白色时,对 RGB 的输出并不相等。所以在测试前必须进行白平衡调整,使所检测"白色"中的三原色的 RGB 值相等。这一步也是为后续的测试作准备。而 RGB 的值是通过依次选通红色、绿色和蓝色滤波器得到的。

　　R、G、B 三个参数的测定方法有两种。第一种是依次选通三种颜色的滤波器,然后对 TCS230 的输出脉冲依次进行计数。当计数到 255 时停止计数,分别计算每个通道所用的时间。这些时间对应于实际测试时 TCS230 每种滤波器所采用的时间基准,在这段时间内所测得的脉冲数就是所对应的 R、G、B 的值。第二种是设置定时器为一个固定时间(如 20 ms),然后依次选通三种颜色的滤波器,计算这段时间内 TCS230 的输出脉冲数,并计算出一个比例因子,通过比例因子可以把这些脉冲数变为 255。在实际应用中,通常会选择第二种方法,使用同样的时间进行计数,把测得的脉冲数再乘以求得的比例因子,然后就可以得到所对应的 R、G、B 的值。

　　TCS3200 颜色采集模块是 TCS230 的升级版,包含了一块 TAOS TCS3200RGB 感应芯片和 4 个白光 LED 灯,能探测与测量几乎所有的可见光波段。TCS3200 颜色采集模块实物如图 3-44 所示。

图 3-44　TCS3200 颜色
采集模块实物图

◆ 3.7.4　系统软件设计

1. 软件设计思路

色彩识别装置在系统上电后,首先初始化各模块,然后进行白平衡处理。接下来调用颜色识别函数进行颜色的识别。程序设计流程如图 3-45 所示。

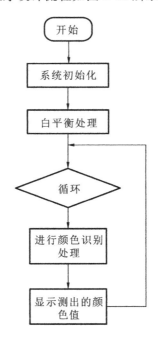

图 3-45 颜色识别系统程序流框图

2. 源程序

```
# include<reg52.h>
# define uchar unsigned char
# define uint unsigned int
# define LCM_Data      P0      // LCD1602 数据接口
# define Busy          0x80     // 用于检测 LCM 状态字中的 Busy 标识
sbit   LCM_RW=P1^3;   // 读写控制输入端，LCD1602 的第五脚
sbit   LCM_RS=P1^2;   // 寄存器选择输入端，LCD1602 的第四脚
sbit   LCM_E=P1^4;   // 使能信号输入端，LCD1602 的第 6 脚
sbit   TCS320_s2=P1^1;// TCS230 S2 接单片机 P2.0
sbit   TCS320_s3=P1^0;// TCS230 S3 接单片机 P2.1
sbit   TCS320_en=P3^0; // TCS230 EN(E0)接 GND
//* * * * * * * * * * * 函数声明* * * * * * * * * * * * * * * *
void    WriteDataLCM(uchar WDLCM);// LCD 模块写数据
void    WriteCommandLCM(uchar WCLCM,BuysC); // LCD 模块写指令
uchar   ReadStatusLCM(void);
void    DisplayOneChar(uchar X,uchar Y,uchar ASCII);
// 在第 X+1 行的第 Y+1 位置显示一个字符
void    LCMInit(void);// LCD 初始化
void    DelayMs(uint Ms);// 1ms 基准延时程序
void    baipingheng();// 白平衡子程序
void    celiang();// 颜色识别程序
void Delay_ms()   ;
```

```
uint     ryz,gyz,byz; //分别定义红色因子、绿色因子、蓝色因子
uint     rb,gb,bb; //R、G、B 值
uchar    tab1[]={'0','1','2','3','4','5','6','7','8','9','A','B','C','D','E','F'};
uchar    r;
void Delay_ms(uint x)
{
uint i,j;
for(i=0;i<x;i++)
   for(j=0;j<112;j++);
}
/* ==================================
设定延时时间:x*1ms
==================================* /
void DelayMs(uint Ms)
{
   uint i,TempCyc;
   for(i=0;i<Ms;i++)
   {
      TempCyc=250;
      while(TempCyc--);
   }
}
//* * * * * * * * * * 主程序* * * * * * * * * * * * * * * * *
void main()
{
   TMOD=0x51；ã€€ //设定 T0 以工作方式 1 定时 10 毫秒
   LCMInit(); //LCD 初始化
   baipingheng(); //上电时先白平衡一次
   while(1)
   {
      celiang();//颜色测试
      DisplayOneChar(0,0,' ');
      DisplayOneChar(0,1,' ');       //第一行的提示信息
      DisplayOneChar(0,2,' ');
      DisplayOneChar(0,3,' ');
      DisplayOneChar(0,4,' ');
      DisplayOneChar(0,5,'C');
      DisplayOneChar(0,6,'o');
      DisplayOneChar(0,7,'l');
      DisplayOneChar(0,8,'o');
      DisplayOneChar(0,9,'r');
      DisplayOneChar(0,10,' ');
      DisplayOneChar(0,11,' ');
```

```
        DisplayOneChar(0,12,' ');
        DisplayOneChar(0,13,' ');
        DisplayOneChar(0,14,' ');
        DisplayOneChar(0,15,' ');
        DisplayOneChar(1,0,' ');//
        DisplayOneChar(1,1,'R');//以十进制显示RGB中红色的分值
        DisplayOneChar(1,2,rb/100+0x30);//显示百位数据
        DisplayOneChar(1,3,rb/10%10+0x30);//显示十位数据
        DisplayOneChar(1,4,rb%10+0x30);//显示个位数据
        DisplayOneChar(1,5,' ');
        DisplayOneChar(1,6,'G');//以十进制显示RGB中绿色的分值
        DisplayOneChar(1,7,gb/100+0x30);//显示百位数据
        DisplayOneChar(1,8,gb/10%10+0x30);
        DisplayOneChar(1,9,gb%10+0x30);
        DisplayOneChar(1,10,' ');
        DisplayOneChar(1,11,'B');//以十进制显示RGB中蓝色的分值
        DisplayOneChar(1,12,bb/100+0x30);
        DisplayOneChar(1,13,bb/10%10+0x30);
        DisplayOneChar(1,14,bb%10+0x30);
        DisplayOneChar(1,15,' ');
        DelayMs(400);//每隔0.5秒测试一次颜色
    }
}
void   celiang()
{
    //* * * * * * * * * * 求R值* * * * * * * * * * * * * * * * * *
    TH0=(65536-10000)/256;
    TL0=(65536-10000)%256;
    TH1=0;
    TL1=0;
    TCS320_s2=0;
    TCS320_s3=0;//选择红色滤波器
    TCS320_en=0;
    TR0=1;//10毫秒开始计时
    TR1=1;//开始计数
    while(TF0==0);//等待定时器溢出
    TF0=0;//清除定时器0溢出标志
    TR0=0;//关闭定时0
    TR1=0;
    rb=(unsigned long)(TH1*256+TL1)*255/ryz;
    if(rb>255)   rb=255;
    //* * * * * * * * * * * * 求B值* * * * * * * * * * * * * * *
    TH0=(65536-10000)/256;
```

```
        TL0=(65536-10000)%256;

        TH1=0;

        TL1=0;

        TCS320_s2=0;

        TCS320_s3=1;//选择蓝色滤波器

        TR0=1;//10毫秒开始计时

        TR1=1;//开始计数

        while(TF0==0);//等待定时器溢出

        TF0=0;//清除定时器0溢出标志

        TR0=0;//关闭定时0

        TR1=0;

        bb=(unsigned long)(TH1* 256+TL1) * 255/byz;

        if(bb>255)    bb=255;

        //* * * * * * * * * * * 求G值 * * * * * * * * * * * * * * * * *
        TH0=(65536-10000)/256;

        TL0=(65536-10000)%256;

        TH1=0;

        TL1=0;

        TCS320_s2=1;

        TCS320_s3=1;    //选择绿色滤波器

        TR0=1;//10毫秒开始计时

        TR1=1;//开始计数

        while(TF0==0);//等待定时器溢出

        TF0=0;//清除定时器0溢出标志

        TR0=0;//关闭定时0

        TR1=0;

        TCS320_en=1;

        gb=(unsigned long)(TH1*256+TL1)*255/gyz;

        if(gb>255)    gb=255;
}
//* * * * * * * * * * * * * * * * * * * * * * * * * * * * * * * * *
//白平衡子程序
voidbaipingheng()
{
        //* * * * * * * * * * * 求取红色因子* * * * * * * * * * * * * * *
        TH0=(65536-10000)/256;

        TL0=(65536-10000)%256;

        TH1=0;

        TL1=0;

        TCS320_s2=0;

        TCS320_s3=0;//选择红色滤波器

        TCS320_en=0;

        TR0=1;//10毫秒开始计时
```

```
TR1=1;//开始计数
while(TF0==0);//等待定时器溢出
TF0=0;//清除定时器 0 溢出标志
TR0=0;//关闭定时 0
TR1=0;
ryz=TH1*256+TL1;//其实这里的比例因子应该为 255/(TH1*256+TL1)
//* * * * * * * * * * 求取蓝色因子* * * * * * * * * * * * * * *
TH0=(65536-10000)/256;
TL0=(65536-10000)%256;
TH1=0;
TL1=0;
TCS320_s2=0;
TCS320_s3=1;//选择蓝色滤波器
TR0=1;//10 毫秒开始计时
TR1=1;//开始计数
while(TF0==0);//等待定时器溢出
TF0=0;//清除定时器 0 溢出标志
TR0=0;//关闭定时 0
TR1=0;
byz=TH1*256+TL1;//其实这里的比例因子应该为 255/(TH1*256+TL1)
//* * * * * * * * * * 求绿色因子* * * * * * * * * * * * * * *
TH0=(65536-10000)/256;
TL0=(65536-10000)%256;
TH1=0;
TL1=0;
TCS320_s2=1;
TCS320_s3=1;//选择绿色滤波器
TR0=1;//10 毫秒开始计时
TR1=1;//开始计数
while(TF0==0);//等待定时器溢出
TF0=0;//清除定时器 0 溢出标志
TR0=0;//关闭定时 0
TR1=0;
TCS320_en=1;
gyz=TH1*256+TL1;//其实这里的比例因子应该为 255/(TH1*256+TL1)
}
```

3.7.5　系统调试

在确认硬件系统无误后，使用下载软件将 keil 软件生成的 hex 文件下载到单片机内，然后进行调试。系统调试界面如图 3-46 所示。

图 3-46　色彩识别系统调试图

3.8　无线照明控制系统设计

◆ 3.8.1　系统需求分析

"智能家居"是以智能化为背景的一种住宅平台,是在互联网影响之下物联化的体现。在保留传统家居优点的前提下,通过改进电力技术、综合布线技术、无线通信技术,提供一个高效、实用、便利的居住环境,同时也提升家居系统的安全性、舒适性、趣味性。根据具体情况,智能家居中可以选择相应的操作模式,如通过语音方式控制电话、平板、空调等家用设备,使用户对家用设备的操纵更加便利,从而给用户带来更好的使用体验等。

本系统要求通过语音发出控制命令,然后利用蓝牙技术传输控制信息,进而实现对照明灯具的开关控制。

◆ 3.8.2　系统设计方案

几种常见的无线通信方式介绍如下。

1. 红外通信

红外通信是利用红外技术实现两点间的近距离保密通信和信息转发,一般由红外发射系统和接收系统两部分组成。发射系统对一个红外辐射源进行调制后发射红外信号,而接收系统采用光学装置和红外探测器进行接收,这就构成了红外通信系统。红外通信的特点是保密性强,信息容量大,结构简单,既可以在室内使用,也可以在野外使用。由于它具有良好的方向性,适用于国防边界哨所与哨所之间的保密通信,但在野外使用时易受气候的影响。

红外通信技术不需要实体连线,简单易用且实现成本较低,因而被广泛应用于小型移动设备互换数据和电器设备的控制中。例如:笔记本电脑、PDA、移动电话之间或与计算机之间进行数据交换,电视机、空调器的遥控等。

由于红外线的直射特性,红外通信技术不适用于传输障碍较多的地方,这种场合下一般选用 RF 无线通信技术或蓝牙技术。红外通信技术在多数情况下传输距离短,传输速率不高,主要应用于近距离的无线数据传输,以"点对点"的直线数据传输为主,因此在小型的移动设备中获得了广泛的应用,也可用于近距离无线网络接入。

红外线通信技术在发展早期存在着规范不统一的问题,许多公司都开发出了自己的一套红外通信标准,但不能与其他公司有红外功能的设备进行红外通信,因此缺乏兼容性。自1993 年起,由 HP、COMPAQ、Intel 等多家公司发起成立了红外数据协会(infrared data association,IRDA),建立了统一的红外数据通信标准。一年以后,第一个 IRDA 的红外数据通信标准——IrDA1.0 发布,又称为 SIR(serial infrared),它是基于 HP 公司开发的一种异步半双工的红外通信方式,通过对串行数据脉冲和光信号脉冲编解码来实现红外数据传输。IrDAI.0 的最高通信速率只有 115.2kb/s,适用于串行端口的速率。

1996 年,该协会发布了 IrDA1.1 标准,即 FIR(fast infrared)。FIR 采用全新的 4PPM调制解调技术,其最高通信速率达到了 4Mb/s,这个标准是目前运用最普遍的标准,在采购红外产品时也应注意这个标准的产品。继 IrDA1.1 之后,IRDA 又发布了通信速率高达16Mb/s 的 VFIR(very fast infrared)技术。不断提高的速率使 VFIR 技术在短距无线通信领域占有一席之地,而不仅仅是数据线缆的替代。红外线的传输距离为 1～100cm,传输方间的定向角为 30°,可实现点对点直线数据传输。

基于红外线的传输技术在最近几年有了很大的发展。常用的红外线信号传输协议有ITT 协议、NEC 协议、Nokia NRC 协议、Sharp 协议、Philips RC-5 协议、Philips RC-6 协议、Sony SIRC 协议以及 Philips RECS-80 协议,若要将红外线传输协议用于可见光通信协议,则必须全面了解相关的协议。

2. 蓝牙通信

蓝牙通信是一种无线数据与语音通信的开放性全球规范,它以低成本的近距离无线连接为基础,为固定设备与移动设备的通信环境建立了一个特别的连接。蓝牙技术的程序写在一个 9 mm×9 mm 的微芯片中,其数据速率为 1 Mb/s。该技术采用时分双工传输方案实现全双工传输,传输距离约为 10 m,支持"点对点"及"点对多点"通信,在全球通用的2.4 GHz ISM 频段下工作。

蓝牙设备的功耗非常小,适合近距离的小文件传输。蓝牙设备之间可以直接通信,就目前的技术而言,其使用最为方便。蓝牙技术较多用于手机、游戏机、PC 外设、体育健身、医疗保健、家用电子等电子设备中。

3. Wi-Fi 通信

Wi-Fi 通信具有如下特点。

(1) 传输范围广。Wi-Fi 设备的电波覆盖半径高达 100 m,甚至整栋大楼都可以覆盖,相对于半径只有 10m 的蓝牙设备,其优势相当明显。

(2) 传输速度快。高达 54Mb/s 的传输速率,使得 Wi-Fi 的用户可以随时随地的连接网络,并可以快速享受类似网络游戏、视频点播(VOD)、远程教育、网上证券、远程医疗、视频会议等一系列宽带信息增值服务。在这飞速发展的信息时代,速度还在不断提升的 Wi-Fi 必定能满足社会与个人信息化发展的需求。

(3) 健康安全。Wi-Fi 设备在 IEEE802.11 的规定下发射功率不能超过 100 mW,而实际的发射功率可能也就在 60～70 mW 之间。与类似的通信设备相比,手机发射功率约为 200 mW～1W，而手持式对讲机更是高达 5W。相对于这两者而言，Wi-Fi 产品的辐射更小。

（4）普及应用度高。现今配置 Wi-Fi 的电子设备越来越多，如手机、笔记本计算机、平板计算机等几乎都将 Wi-Fi 列入其主流标准配置中。

本次设计的无线照明控制系统组成如图 3-47 所示。系统由控制信息发送端和接收端组成。控制信息发送端包含了控制器、语音识别模块、蓝牙发送模块；信息接收端包含了控制器、蓝牙接收模块、LED 模块。

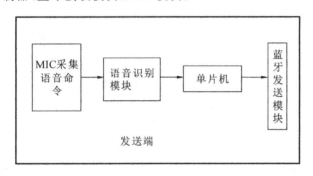
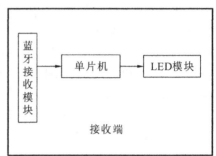

图 3-47　无线照明系统结构框图

◆ 3.8.3　系统硬件设计

系统发送端的硬件电路原理图如图 3-48 所示，接收端的硬件电路原理图如图 3-49 所示。

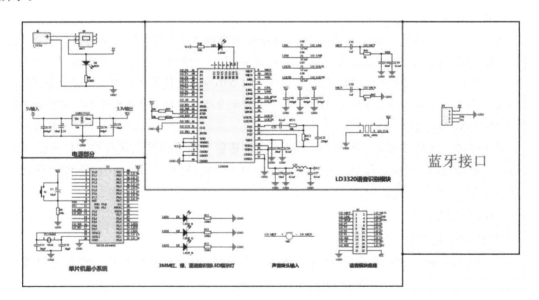

图 3-48　无线照明系统发送端电路原理图

1. 语音识别模块

系统中使用语音识别模块的核心是 LD3320 芯片。这是一款基于非特定人语音识别（speaker-independent automatic speech recognition，SI-ASR）技术的语音识别/声控芯片。

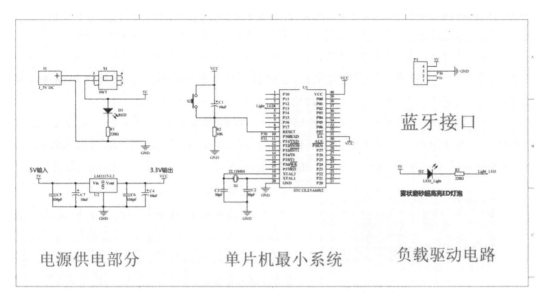

图 3-49　无线照明系统接收端电路原理图

语音识别芯片的工作流程是:对经过 MIC 输入的声音实施频谱分析,然后提取语音特征,再与关键词语列表中的关键词语进行匹配,将此关键词语列表中得分最高的关键词语作为最终语音识别的结果输出。

LD3320 芯片具备非特定人语音识别技术、可动态编辑的关键词列表、高精度 A/D 和 D/A 通道、高精度实用的语音识别效果、支持用户编辑 50 条关键词语句等技术特点。

此芯片采用 48 引脚 QFN 标准封装,工作电压为 3.3 V,内置单声道 mono16-bit A/D 模/数转换和双声道 stereo 16-bit D/A 数/模转换,20 mW 双声道耳机放大器输出和 550 mW 单声道扬声器放大器输出。其核心是语音识别运算单元,配合输入/输出功能,AD/DA 转换等模块完成语音识别。LD3320 芯片还支持并行和串行接口,串行方式可以简化与其他模块的连接。

芯片使用时有两种工作模式,可以利用软件编程实现模式的选择。一种模式是触发识别模式,另一种模式是循环识别模式。

(1)触发识别模式:系统的主控 MCU 在接收到外界的一个触发(如用户按动某个按键)之后,接着启动 LD3320 芯片的一个定时识别过程(如 3 秒钟),在这个时间里面要求用户说出要识别的语音关键词语。过了这个识别时间后,需要用户再次触发才能再次启动一个识别过程。

(2)循环识别模式:系统的主控 MCU 反复启动识别过程。如果没有人说话就没有识别结果,则每次识别过程的定时时间一到会再启动下一个识别过程;如果有识别结果,则根据识别进行相应的处理后再启动下一个识别过程。一般来说,触发识别适合于识别精度要求比较高的场合。外界触发后,产品可以通过播放提示音或者其他方式来提示用户在接下来的几秒钟内说出要识别的内容,这样来引导用户在规定的时间内只说出要识别的内容,从而保证比较高的识别率。而循环识别比较适合需要始终进行语音监控的场合,或者没有按键等其他设备控制识别开始的场合。

这两种模式都存在一定的缺陷。触发识别的系统不太会受到外界的干扰,它有更高的判断效率,或者说是正确的识别率,但是对于条件项的要求也更加的苛刻。因为它要求的是关键字,若外界的环境中刚好也出现了它具有的关键词,就会对它产生行为干扰。

在一些应用场合,如果希望识别精度高,但是又无法要求用户每次都用手按键来"触发识别",还可以综合上述两个不同模式的优点,可以采用一种新的模式让系统达到设计需要,即采用"口令触发模式"。产品在等待用户触发时,启动一个"循环识别"模式,把触发口令和其他几十个用来吸收错误的词汇设置进 LD3320。只有当检测到识别出的结果是触发口令时,才认为是终端用户发出了需求口令。此时,给出提示音,并启动一个"触发识别模式",并把相应的识别列表设置进 LD3320,提示用户在提示音后几秒钟内说出要执行的操作。

2. 蓝牙模块

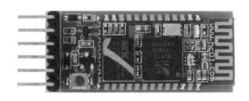

图 3-50   HC-05 模块的实物图

蓝牙模块主要用于短距离的数据无线传输,可以方便的与 PC 机的蓝牙设备相连,也可以实现两个模块之间的数据交换。蓝牙模块可以避免烦琐的线缆连接,可以直接取代串口线。它具有成本低、体积小、功耗低和接收灵敏度高等优点。本次设计用到的 HC-05 模块如图 3-50 所示,与单片机的连接电路图如图 3-51 所示。

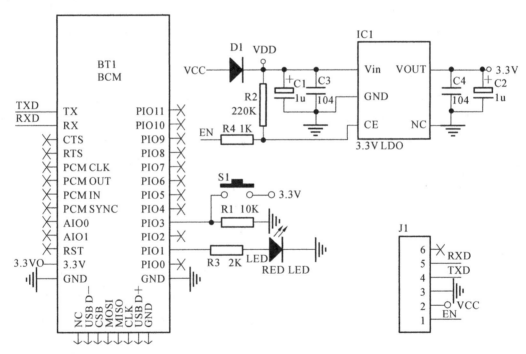

图 3-51   HC-05 模块的电路原理图

HC-05 蓝牙模块具有两种工作模式,即命令响应工作模式和自动连接工作模式。在自动连接工作模式下模块又可分为主(master)、从(slave)和回环(loopback)三种工作角色。当模块处于自动连接工作模式时,将自动根据事先设定的方式连接的数据传输;当模块处于命令响应工作模式时能执行 AT 命令,用户可向模块发送各种 AT 指令,为模块设定控制参数或发布控制命令。通过控制模块外部引脚(PIO11)输入电平,可以实现模块工作状态的动态转换。

进入命令响应工作模式有如下两种方法。

（1）模块上电，未配对情况下就是 AT 模式，波特率为模块本身的波特率，默认为 9600，发送一次 AT 指令时需要将 PIO11 置为高电平一次。

（2）PIO11 置高电平后，再给模块上电，此时模块进入 AT 模式，波特率固定为 38400，可以直接发送 AT 指令。

在蓝牙模块中有一个小按键，按一下就将 PIO11 置为高电平一次。也就是说，第一种方法需要每发送一次 AT 指令按一次；而第二种方式是长按的过程中上电，之后就无须再管了，直接发送 AT 命令即可。

> **注意：**
> 两种进入命令响应工作模式的方式使用的波特率是不一样的，建议使用第二种方式。

在 HC-05 蓝牙模块上有指示灯，当灯快闪的时候，就是自动连接工作模式；当灯慢闪的时候，就是命令响应工作模式。

HC-05 蓝牙模块部分引脚的功能如表 3-8 所示。

表 3-8　蓝牙模块部分引脚功能说明

引脚名	功 能 说 明
PIN1	UART_TXD，蓝牙串口发送脚，可接单片机的 RXD 脚
PIN2	UART_RXD，蓝牙串口接收脚，可接单片机的 TXD 脚，该引脚无上拉，需外加上拉
PIN11	RESET，模块复位脚，低电平复位，使用的时候可以悬空处理
PIN12	VCC，电源输入引脚，典型值 3.3 V，可以使用 3.1～4.2 V 电压
PIN13	GND
PIN31	LED1，工作状态指示灯，该灯有三种状态，分别如下： ① 模块上电同时令 PIN34 为高电平，PIN31 输出 1 Hz 方波（慢闪），表示进入了 AT 状态，使用 38400 的波特率； ② PIN34 低电平，给模块上电，此时 PIN31 输出 2 Hz（快闪），此时处于可配对状态，如果 PIN34 再设置为高电平，也进入了 AT 状态，但 PIN31 也一样是 2 Hz 方波输出； ③ 配对完毕，PIN31 将双闪，也是 2Hz 的频率。 注意：PIN34 一直处于高电平时，可以使用 AT 指令集里所有的指令，如果只是通过触发 34 脚高电平然后令 34 脚恢复低电平的方式进入 AT 模式，则只能使用部分的 AT 指令
PIN32	配对完毕前，输出低电平，配对完毕后，输出高电平
PIN34	模块配对及通信时，必须处于低电平，高电平可以进入 AT 模式，通信过程中也可以通过置高电平 PIN34 进入 AT 状态，置低电平后恢复通信状态

在使用蓝牙模块之前，要先将主从机通过 AT 指令进行配对，配对过程如下。

（1）进入 AT 状态：模块上电的时候同时令 PIN34 高电平，使用 38400 波特率进入 AT 状态。

（2）修改主从指令为：AT＋ROLE＝0，修改模块为从机模式；修改主从指令为：AT＋ROLE＝1，修改模块为主机模式。

（3）设置记忆指令：AT＋CMODE＝0。

（4）修改密码指令：AT＋PSWD＝1234，模块的配对密码为 1234。

（5）修改蓝牙名：AT＋NAME＝hc-05，蓝牙名为 hc-05。

3.8.4 系统软件设计

1. 软件设计思路

系统启动后,咪头开始收集语音信号,每接收到一个语音信号后由语音识别模块进行音频采样并辨识,将获取的最佳结果存储在芯片寄存器中,由 MCU 读取寄存器中的内容,再通过主机上的蓝牙模块对外传输数据,从机中的蓝牙模块接收信息并传递给 MCU,MCU 根据接收的信息去改变 LED 照明灯的亮灭情况。

主程序流程图如图 3-52 所示。语音模块子程序设计具体如下。

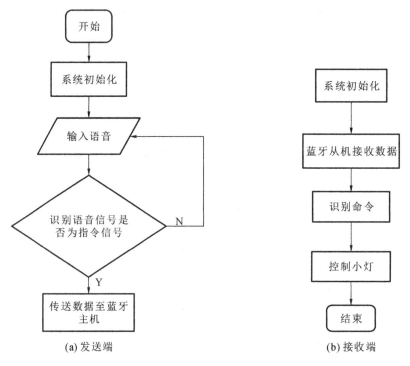

(a) 发送端　　　　　　　(b) 接收端

图 3-52　主程序流程图

为了保证识别灵敏度和准确性,编写程序时,当向 LD 模块添加关键字时,在添加原有口令基础上,将一级语音指令设置为"小白",二级语音指令设置为"开灯""变亮""变暗""闪烁""关灯",这些设置通过定义二维数组来实现。需要注意的是,关键字的输入必须用拼音定义,如"变亮"指令,应写入"bian liang"。汉字之间的拼音由空格隔开,使拼音串和识别码一一对应。语音识别的操作顺序是:初始化→写入识别列表→开始识别→响应中断。

（1）写入识别列表。

此设置为语音口令设置的关键部分。根据设计需要,将口令以标准普通话拼音字符串的形式写入,并保证对应一个特定识别码,识别码不能相同,数值小于 256。

（2）开始识别。

LD3320 芯片开始语音识别是通过设置相应寄存器数值来完成。单片机程序中,一般会用一个全局变量记录和控制当前状态。在编程时一定要把对该状态的设置语句放在 LD3320 芯片正式开始识别以前。

（3）响应中断。

如果麦克风采集到声音，不管是否识别出正常结果，都会产生一个中断信号。而中断程序要根据寄存器的值来分析结果。读取 BA 寄存器（中断辅助信息）的值，可以知道有几个候选答案，而 C5 寄存器（读取最佳 ASR 结果）里的答案是得分最高、最可能正确的答案。例如，发音为"开灯"并被成功识别（无其他候选），那么 BA 寄存器里的数值是 1，而 C5 寄存器里的值是对应的编码为 1。

2. 源程序

1）主机程序

```
#include "config.h"
/* * * * * * * * * * * * * * * * * * * * * * * * * * * * * * * * * * /
//nAsrStatus 用来在 main 主程序中表示程序运行的状态,不是 LD3320 芯片内部的状态寄存器
//LD_ASR_NONE:表示没有在进行 ASR 识别
//LD_ASR_RUNING:表示 LD3320 正在进行 ASR 识别中
//LD_ASR_FOUNDOK:表示一次识别流程结束后,有一个识别结果
//LD_ASR_FOUNDZERO:表示一次识别流程结束后,没有识别结果
//LD_ASR_ERROR:表示一次识别流程中 LD3320 芯片内部出现不正确的状态
/* * * * * * * * * * * * * * * * * * * * * * * * * * * * * * * * * * /
uint8 idata nAsrStatus=0;
void MCU_init();
void ProcessInt0();  //识别处理函数
void delay(unsigned long uldata);
void User_handle(uint8 dat);  //用户执行操作函数
void Delay200ms();
void Led_test(void);  //单片机工作指示
void Led_test1(void);
uint8_t G0_flag=DISABLE;  //运行标志。ENABLE 表示运行,DISABLE 表示禁止运行
/* * * * * * * * * * * 语音识别 LED 指示灯 * * * * * * * * * * * * * * * * /
sbit LED1=P2^2;  //红色信号指示灯 1
sbit LED2=P2^3;  //绿色信号指示灯 2
sbit LED3=P2^4;  //蓝色信号指示灯 3
/* * * * * * * * * * * * * * * * * * * * * * * * * * * * * *
* 名     称: void  main(void)
* 功     能:主函数
* 入口参数:
* 出口参数:
* 说     明:
* 调用方法:
* * * * * * * * * * * * * * * * * * * * * * * * * * * * * * * * * * * * /
void  main(void)
{
    uint8 idata nAsrRes;
    uint8 i=0;
```

```
      MCU_init();
      Led_test();
      LD_Reset();                    //语音芯片复位
      UartIni();                     //串口初始化
      nAsrStatus=LD_ASR_NONE;//初始状态:没有进行 ASR
      #ifdef TEST
      PrintCom("一级口令:小白\r\n"); /* text…* /
      PrintCom("二级口令:1、开灯\r\n"); /* text…* /
      PrintCom("        2、关灯\r\n"); /* text…* /
      PrintCom("        3、闪烁\r\n"); /* text…* /
      PrintCom("        4、变亮\r\n"); /* text…* /
      PrintCom("5、变暗\r\n"); /* text…* /
      #endif
      while(1)
      {
        switch(nAsrStatus)
        {
        case LD_ASR_RUNING:
        case LD_ASR_ERROR:
            break;
        case LD_ASR_NONE:
        {
            nAsrStatus=LD_ASR_RUNING;
            if(RunASR()==0)
/* 启动一次 ASR 识别流程:ASR 初始化,ASR 添加关键词语,启动 ASR 运算* /
            {
              nAsrStatus=LD_ASR_ERROR;
            }
            break;
        }
        case LD_ASR_FOUNDOK: /* 一次 ASR 识别流程结束,去取 ASR 识别结果* /
        {
            nAsrRes=LD_GetResult();/* 获取最佳结果* /
            User_handle(nAsrRes);//用户执行函数
            nAsrStatus=LD_ASR_NONE;
            break;
        }
        case LD_ASR_FOUNDZERO:
        default:
        {
            nAsrStatus=LD_ASR_NONE;
            break;
        }
```

```
    }
  }
}
/* * * * * * * * * * * * * * * * * * * * * * * * * * * *
* 名    称：LED 灯测试
* 功    能：单片机是否工作指示
* 入口参数：无
* 出口参数：无
* 说    明：
* * * * * * * * * * * * * * * * * * * * * * * * * * * * /
void Led_test(void)
{
    Delay200ms();Delay200ms();
    LED1=0;LED2=0;LED3=0;
    Delay200ms();Delay200ms();
    LED1=1;LED2=1;LED3=1;
    Delay200ms();Delay200ms();
    LED1=0;LED2=0;LED3=0;
    Delay200ms();Delay200ms();
    LED1=1;LED2=1;LED3=1;
    Delay200ms();Delay200ms();
    LED1=0;LED2=0;LED3=0;
}
// 用于指示是否识别成功
void Led_test1(void)
{
    LED1=1;LED2=0;LED3=0;
    Delay200ms();
    LED1=0;LED2=1;LED3=0;
    Delay200ms();
    LED1=0;LED2=0;LED3=1;
    Delay200ms();
    LED1=0;LED2=0;LED3=0;
}
/* * * * * * * * * * * * * * * * * * * * * * * * * * * * * *
* 名    称：void MCU_init()
* 功    能：单片机初始化
* 入口参数：
* 出口参数：
* 说    明：
* 调用方法：
* * * * * * * * * * * * * * * * * * * * * * * * * * * * * * /
void MCU_init()    // 使 IO 口默认为高电平
```

```
{
    P0=0xff;
    P1=0xff;
    P2=0xff;
    P3=0xff;
    P4=0xff;
    P2M1=0X00;P2M0=0XFF;
    IE0=1;
    EX0=1;
    EA=1;
}
/* * * * * * * * * * * * * * * * * * * * * * * * * * * * * * *
* 名     称:延时函数
* 功     能:
* 入口参数:
* 出口参数:
* 说     明:
* 调用方法:
* * * * * * * * * * * * * * * * * * * * * * * * * * * * * * * */
void Delay200us()// @ 22.1184 MHz
{
    unsigned char i,j;
    _nop_();
    _nop_();
    i=5;
    j=73;
    do
    {
        while (--j);
    } while (--i);
}
void  delay(unsigned long uldata)
{
    unsigned int j=0;
    unsigned int g=0;
    while(uldata--)
    Delay200us();
}
void Delay200ms()// @ 22.1184 MHz
{
    unsigned char i,j,k;
    i=17;
    j=208;
```

```
        k=27;
        do
        {
          do
          {
            while (--k);
          } while (--j);
        } while (--i);
}
/* * * * * * * * * * * * * * * * * * * * * * * * * * * *
* 名    称:中断处理函数
* 功    能:
* 入口参数:
* 出口参数:
* 说    明:
* 调用方法:
* * * * * * * * * * * * * * * * * * * * * * * * * * * * / 
void ExtInt0Handler(void) interrupt 0
{
    ProcessInt0();
}
/* * * * * * * * * * * * * * * * * * * * * * * * * * * *
* 名    称:用户执行函数
* 功    能:识别成功后,执行动作可在此进行修改
* 入口参数:无
* 出口参数:无
* 说    明:
* * * * * * * * * * * * * * * * * * * * * * * * * * * * / 
voidUser_handle(uint8 dat)
{
      if(0==dat)
      {
        G0_flag=ENABLE;
        LED1=1;LED2=1;LED3=1; //指示灯全部点亮,提示口令识别成功
        PrintCom("收到\r\n"); /* text…* /
      }
      else if(ENABLE==G0_flag)
      {
        switch(dat)
        {
          case CODE_1:    /* 命令"开灯"* /
              UARTSendByte(0x31);//发送"开灯"命令
              Led_test1();//指示灯提示识别完成
```

```
                break;
            case CODE_2:      /* 命令"关灯"* /
              UARTSendByte(0x32); //发送"关灯"命令
              Led_test1(); //指示灯提示识别完成
              G0_flag=DISABLE;
              break;
            case CODE_3: /* 命令"闪烁"* /
              UARTSendByte(0x33); //发送"闪烁"命令
              Led_test1(); //指示灯提示识别完成
              break;
            case CODE_4:     /* 命令"变亮"* /
              UARTSendByte(0x34); //发送"变亮"命令
              Led_test1(); //指示灯提示识别完成
              break;
            case CODE_5: /* 命令"变暗"* /
              UARTSendByte(0x35); //发送"变暗"命令
              Led_test1(); //指示灯提示识别完成
              break;
            default:
              PrintCom("请重新识别发口令\r\n"); /* text…* /
              break;
          }
        }
        else
        {
            PrintCom("请说出一级口令\r\n"); /* text…* /
        }
        delay(500);
}
```

2) 从机程序

```
# include<STC12C5A60S2.h>
# include<intrins.h>
# define uchar unsigned char
# define uint  unsigned int
uint Bright=110; //全局变量,亮度值(0~255)
uchar  lamp=0; //灯开关标志
uchar  burner=0; //闪烁随机数
uchar  base=0; //变暗变亮指示
uchar  flag=0; //灯闪烁:0表示不闪,1表示闪烁
uchar UART_data; //定义串口接收数据变量
/* * * * * * * * * * * * * * * * * * * * * * * * * * * * * * * * * *
函数名:毫秒级 CPU 延时函数
```

调　用:DELAY_MS(?);

参　数:1~65535(参数不可为 0)

返回值:无

结　果:占用 CPU 方式延时与参数数值相同的毫秒时间

备　注:应用于 1T 单片机时 i<600,应用于 12T 单片机时 i<125

```
* * * * * * * * * * * * * * * * * * * * * * * * * * * * * * * * /
void DELAY_MS(unsigned int a)
{
    unsigned int i;
    while(--a !=0)//i 从 0 加到 600,CPU 大概就耗时 1 毫秒
    {
        for(i=0; i<600; i++);//空指令循环
    }
}
/* * * * * * * * * * * * * * * * * * * * * * * * * * * * * * * *
```

函数名:PWM 初始化函数

调　用:PWM_Init();

参　数:无

返回值:无

结　果:将 PCA 初始化为 PWM 模式,初始占空比为 0

备　注:需要更多路 PWM 输出直接插入 CCAPnH 和 CCAPnL 即可

```
* * * * * * * * * * * * * * * * * * * * * * * * * * * * * * * * /
void PWM_Init(void)
{
    CMOD=0x02;      //设置 PCA 定时器
    CL=0x00;
    CH=0x00;
    CCAPM0=0x42;    //PWM0 设置 PCA 工作方式为 PWM 方式(0100 0010)
    CCAP0L=0x00;    //设置 PWM0 初始值与 CCAP0H 相同
    CCAP0H=0x00;    //PWM0 初始时为 0
    CR    =1;       //启动 PCA 定时器
}
/* * * * * * * * * * * * * * * * * * * * * * * * * * * * * * * *
```

函数名:PWM0 占空比设置函数

调　用:PWM0_Set();

参　数:0x00~0xFF(亦可用 0~255)

返回值:无

结　果:设置 PWM 模式占空比,为 0 时全部高电平,为 1 时全部低电平

备　注:如果需要 PWM1 的设置函数,只要把 CCAP0L 和 CCAP0H 中的 0 改为 1 即可

```
* * * * * * * * * * * * * * * * * * * * * * * * * * * * * * * * /
void PWM0_Set(unsigned char a)
{
    CCAP0L=a;//设置值直接写入 CCAP0L
```

```
        CCAP0H=a;　//设置值直接写入 CCAP0H
}
/* * * * * * * * * * * * * * * * * * * * * * * * * * * * * * *
函数名:UART 串口初始化函数
调　用:UART_init();
参　数:无
返回值:无
结　果:启动 UART 串口接收中断,允许串口接收,启动 T/C1 产生波特率(占用)
备　注:振荡晶体为 22.1184 MHz,PC 串口端设置 [9600,8,无,1,无 ]
* * * * * * * * * * * * * * * * * * * * * * * * * * * * * * * * /
void UART_init ()
{
    EA=1;　//允许总中断(如不使用中断,可用//屏蔽)
    ES=1;　//允许 UART 串口的中断
    TMOD=0x20;//定时器 T/C1 工作方式 2
    SCON=0x50;//串口工作方式 1,允许串口接收(SCON=0x40 时禁止串口接收)
    TH1=0xF4;//定时器初值高 8 位设置　　//12MHZ 晶振,波特率为 4800 0xf3
    TL1=0xF4;//定时器初值低 8 位设置
    //11.0592MHZ 晶振,波特率为 4800 0xf4　9600　0xfa　19200　0xfd
    PCON=0x80;//波特率倍频(屏蔽本句波特率为 4800)
    TR1=1;//定时器启动
}
/* * * * * * * * * * * * * * * * * * * * * * * * * * * * * * * * * * *
函数名:UART 串口中断接收函数
调　用:[SBUF 收到数据后中断处理]
参　数:无
返回值:无
结　果:UART 串口接收到数据时产生中断,用户对数据进行处理
备　注:过长的处理程序会影响后面数据的接收
* * * * * * * * * * * * * * * * * * * * * * * * * * * * * * * * * * * /
void UART_R () interrupt 4　using 1　//切换寄存器组到 1
{
  if(RI==1)　　// 判断是否有数据到来
{
    RI=0;//令接收中断标志位为 0(软件清零)
    UART_data=SBUF;//将接收到的数据送入变量 UART_data
  }
}
/* * * * * * * * * * * * * * * * * * * * * * * * * * * * * * * * *
* 名　称: LED 灯闪烁
* 功　能: LED 灯光闪烁
* 入口参数:无
* 出口参数:无
```

```
* 说     明:
* * * * * * * * * * * * * * * * * * * * * * * * * * * * * /
void Led_shan_shuo(void)
{
    int shan=0;
    burner+=1;
    shan=burner%2;
    if(shan==0) shan=0;
    else        shan=255;
    PWM0_Set(shan);
    DELAY_MS(500);
}
/* * * * * * * * * * * * * * * * * * * * * * * * * * * * *
```

函数名:主函数
调　用:无
参　数:无
返回值:无
结　果:程序开始处,无限循环
备　注:

```
* * * * * * * * * * * * * * * * * * * * * * * * * * * * * /
void main(void)
{
    UART_init();    // UART 串口初始化
    PWM_Init();     // PWM 初始化
    PWM0_Set(0);
    while(1)
    {
        if(UART_data==0x31) // 接收"开灯"命令
        {
            lamp=1;// 开灯标志
            flag=0;// 标志
        }
        if(UART_data==0x32) // 接收"关灯"命令
        {
            lamp=0;// 关灯标志
            flag=0;// 标志
        }
        if(UART_data==0x33)    // 接收"闪烁"命令
        {
            lamp=0;// 关灯标志
            flag=1;// 给闪烁标志
        }
        if(UART_data==0x34) // 接收"变亮"命令
```

```
    {
      base=1;//变亮标志
      flag=0;//标志
    }
    if(UART_data==0x35)      //接收"变暗"命令
    {
      base=2;//变暗标志
      flag=0;//标志
    }
/* * * * * * * * * * * * 给灯闪烁信号* * * * * * * * * * * * * */
    if(flag==1)
    {
      Led_shan_shuo();
    }
    else
    {
      if(lamp==0)
      {
        PWM0_Set(0);
      }
      else if(lamp==1)
      {
        if(base==1)
        {
          Bright+=10;
          if(Bright>=255)
            Bright=255;
        }
        else if(base==2)
        {
          if(Bright>10)
            Bright-=10;
          else
            Bright=10;
        }
        PWM0_Set(Bright);
      }
    }
    DELAY_MS(1);
    base=0;//判断重新进入系统取值
  }
}
```

3.8.5 系统调试

在确认硬件系统无误后,使用下载软件将 keil 软件生成的 hex 文件下载到单片机内,然后进行调试。系统实物如图 3-53 所示。

图 3-53 实物图

3.9 循迹机器人设计

3.9.1 系统需求分析

随着科技的发展,机器人在各领域得到了越来越广泛的应用,其中智能循迹机器人是应用最广泛的机器人之一。智能循迹机器人是指装备有自身动力输出,并且能够按照指定的路线行驶,可对周围环境进行分析,规避异常情况的一种机器人。循迹是指在给的区域内沿着轨迹完成对各个目标点的访问,循迹技术是循迹机器人系统的关键技术之一。循迹系统方案在机器人的运动中起着重要作用,循迹系统方案的好坏直接关系到循迹机器人最终性能的稳定性和可靠性。虽然机器人有多种循迹方案,但就稳定性、可靠性以及抗干扰能力而言,最具实用性和使用价值的是光电循迹方案,所以在绝大多数国内外机器人的实战竞赛中,场地环境设置都定位在光电循迹上。基于单片机控制的智能光电循迹机器人利用光电传感器采集轨迹信息,利用单片机控制电机的转速,通过存储在用户程序区的程序实现对采样数据的后续加工以及对电机的控制,从而对循迹机器人进行实时控制。

3.9.2 系统设计方案

本次的设计任务是使用光电传感器以及单片机系统设计具有循迹功能的循迹机器人,使其能够按照既定的轨道行驶。系统结构框图如图 3-54 所示。

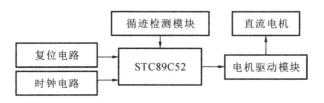

图 3-54　循迹机器人系统结构框图

◈ 3.9.3　系统硬件设计

本系统以单片机作为控制核心,驱动电机实现小车(机器人)行驶,利用光学传感器实现小车(机器人)按照既定路线循迹行驶。硬件部分主要包括三个部分,分别为:电机驱动电路、循迹电路以及中央控制电路。循迹传感器为系统采集行驶状态的信号,然后发送给单片机,单片机对这些信号进行处理,根据不同的信号,来以不同的指令驱动电机,达到循迹的目的。图 3-55 所示为控制系统的电路原理图。

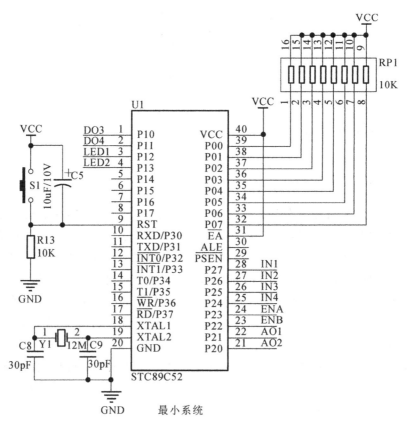

图 3-55　控制系统电路原理图

1. 循迹模块

循迹光电传感器原理,就是利用黑线对红外线不同的反射能力,通过光敏二极管或光敏三极管,接收反射回的不同光信号,把不同光强转换为电流信号,最后通过电阻,转换为单片机可识别的高低电平。

循迹传感器工作原理:TC 端是传感器工作控制端,为高电平时,发光二极管不工作,传感器休眠,为低电平时,传感器启动。Signal 端为检测信号输出,当遇到黑线,黑线吸收大量的红外线,反射的红外线很弱,光敏三极管不导通,Signal 端输出高电平;当遇到白线,与黑线相反,反射的红外线很强,使光敏三极管导通,Signal 端输出低电平。

这种探测方法,是利用红外线对于不同颜色的表面特征,具有不同的反射性能的原理来实现的。汽车行驶过程中接收地面的红外光,当红外光遇到白色路线时,地面发生漫反射,安装在小型车的反射光接收器接收;当红外光遇到黑色路线时,其将被黑线吸收,安装在小车上的接收管没有收到红外光。控制器会根据是否收到反射的红外光为判断依据来确定的黑线的位置和小车的路线。红外探测器的距离通常不应超过 15 cm。红外发射器和接收红外线的感应器,可以直接使用集成红外探头。调整左右传感器之间的距离,两探头距离约等于黑线宽度最合适,选择宽度为 3～5 cm 的黑线。该传感器的灵敏度是可调的,传感器有时遇到黑线却不能送出相应的信号,通过调节传感器上的可调电阻,适当的增大或减小其灵敏度。另外,循迹传感器的放置有两种方法:一种是两个传感器都放置于黑线内侧紧贴黑线边缘;第二种是两个传感器都放置于黑线的外侧,同样紧贴黑线边缘。

图 3-56 所示为循迹模块的电路原理图。

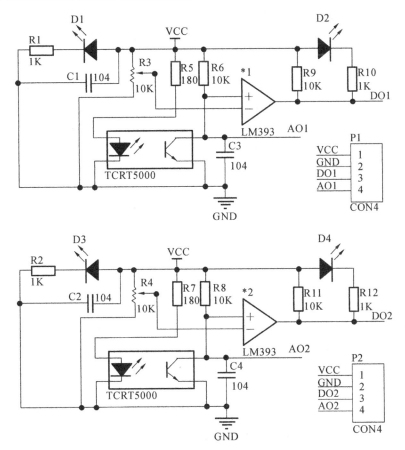

图 3-56　循迹模块电路原理图

2. 电机驱动模块

本设计采用 L298N 电机专用驱动芯片带动两个 12 V 的直流电机。直流电机由定子和转子两大部分组成。直流电机运行时静止不动的部分称为定子,定子的主要作用是产生磁场,由机座、主磁极、换向极、端盖、轴承和电刷装置等组成。直流电机运行时转动的部分称为转子,其主要作用是产生电磁转矩和感应电动势,是直流电机进行能量转换的枢纽,通常又称为电枢,由转轴、电枢铁心、电枢绕组、换向器等组成。

L298N 是 ST 公司的产品,比较常见的是 15 脚 multiwatt 封装的 L298N,内部包含 4 通道逻辑驱动电路。可以驱动两个直流电机或驱动两个二相电机,也可单独驱动一个四相电机,输出电压最高可达 50 V。其可直接通过电源来调节输出电压,并且可以直接通过单片机的 IO 端口提供信号,使得电路简单,使用更方便。L298N 可接受标准的 TTL 逻辑电平信号 VSS,VSS 通常接 4.5~7 V 的电压。4 脚 VS 接电压源,VS 可接电压范围的 VIH 为 2.5~46V。L298N 芯片输出电流可达 2.5A,可驱动电感负载。

L298N 是一个内部有两个 H 桥的高电压大电流全桥式驱动芯片,可以用来驱动直流电机、步进电机。使用标准逻辑电平信号控制,直接连接单片机管脚,具有两个使能控制端,使能端在不受输入信号影响的情况下不允许器件工作。L298N 有一个逻辑电源输入端,使内部逻辑电路部分在低电压下工作。

图 3-57 所示为一个典型的直流电机的控制电路,称为"H 桥驱动电路"。如图 3-57 所示,H 桥电机驱动电路包含四个三极管和一个电机。只有对角线上的一对三极管导通了,电机才会运转。基于不同三极管对的导通情况可以控制电机的转向,电流可以从左至右流过电机,也可以从右至左流过电机。

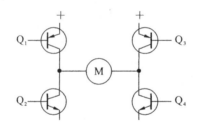

图 3-57 L298N 内部 H 桥驱动电路图

当 Q_1 管和 Q_4 管导通时,电流就从电源正极经 Q_1 从左至右流过电机,然后再经 Q_4 回到电源负极,该流向的电流将驱动电机顺时针转动。三极管 Q_2 和 Q_3 同时导通的情况下,电流将从右至左流过电机,从而驱动电机沿逆时针方向转动。

驱动电机时,保证 H 桥上两个同侧的三极管不会同时导通非常重要。如果三极管 Q_1 和 Q_2 同时导通,那么电流就会从正极穿过两个三极管直接回到负极。此时,电路中除了三极管外没有其他任何负载,因此电路上的电流就可能达到最大值,该电流仅受电源性能限制,可能烧坏三极管。基于上述原因,在实际驱动电路中通常要用硬件电路方便地控制三极管的开关。

图 3-58 所示的就是基于这种考虑的改进电路,它在基本 H 桥电路的基础上增加了四个二极管来保护电路。四个与门与一个"使能"导通信号相接,这样,用这一个信号就能控制整个电路的通断。

采用以上方法,电机的运转就只需要用三个信号控制:两个方向信号和一个使能信号。如果 DIR-L 信号为"0",DIR-R 信号为"1",并且使能信号是"1",那么三极管 Q_1 和 Q_4 导通,电流从左至右流经电机;如果 DIR-L 信号变为"1",而 DIR-R 信号变为"0",那么 Q_2 和 Q_3 将导通,电流则反向流过电机。

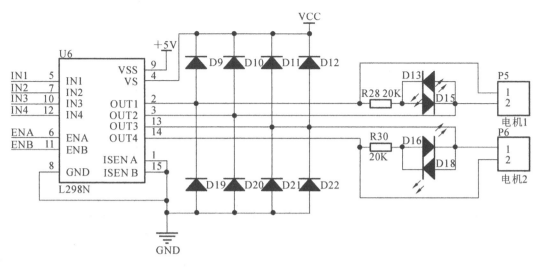

图 3-58　L298N 驱动芯片和直流电机连接电路

　　电机控制逻辑如表 3-9 所示。以电机 1 为例,当使能端 ENA 为高电平时,如果输入引脚 IN1 为低电平而输入引脚 IN2 为高电平,电机 1 反转;如果输入引脚 IN1 为高电平而输入引脚 IN2 为低电平,电机 1 正转。

表 3-9　小车运动逻辑表

使能端 A	使能端 B	左 电 机		右 电 机		左电机运行状态	右电机运行状态	小车运行状态
		IN1	IN2	IN3	IN4			
1	1	1	0	1	0	正转	正转	前行
1	1	1	0	0	1	正转	反转	右转
1	1	1	0	1	1	正转	停止	以右电机为中心原地右转
1	1	0	1	1	0	反转	正转	左转
1	1	0	1	0	1	反转	反转	后退
1	1	1	1	1	0	停止	正转	以左电机为中心原地左转

◆ 3.9.4　系统软件设计

1. 软件设计思路

　　本系统主要包括三个部分,分别为:主控系统、电机驱动系统和循迹系统。当接通电源后,系统开机,并且进行自检,以检查系统各部分是否正确运行。当自检完成后,系统进入工作状态,发出 PWM 信号驱动电机,使小车进入运行状态。图 3-59 所示为整个系统的流程图。

　　1) 电机驱动模块程序设计

　　系统上电后,首先进行初始化,初始化完成后,驱动模块等待主控系统发出指令,根据小车行驶状态,小车会有不同的行驶速度,小车的行驶速度是根据不同占空比的 PWM 信号进行控制的:前进状态下,占空比为 50%;拐弯状态下,占空比为 30%;停止状态下,占空比为 0。图 3-60 所示为电机驱动的流程图。

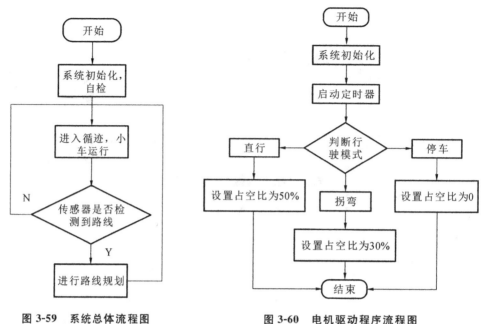

图 3-59　系统总体流程图　　　　图 3-60　电机驱动程序流程图

2) 循迹模块程序设计

系统上电后进行初始化,系统对传感器进行校准,校准完成后,系统进入待命状态。在循迹模式中,共有左右两个传感器,传感器采用的是红外对管传感器,由于路径为黑色的,当左侧传感器检测到路径时,表明小车行驶路线偏右,小车向左拐;当右侧传感器检测到路径时,表明小车行驶路线偏左,小车向右拐;当两侧传感器检测到路径时,表明小车行驶路线不偏,小车直行。图 3-61 所示为循迹流程图。

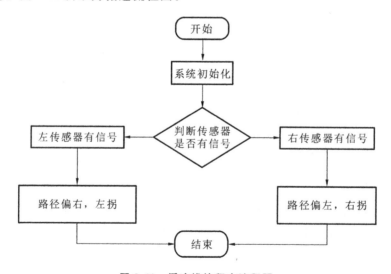

图 3-61　循迹模块程序流程图

2. 源程序

```
/* * * * * * * * * * * * main.c* * * * * * * * * * * * * * * * * * * * * /
#include "car.h"
void delayxms(u8 xms);
```

```
sbit mode=P3^7;    //模式选择:0为寻迹;1为避障
sbit xj1  =P0^4;    //寻迹左
sbit xj2  =P0^6;    //寻迹右
sbit bz1  =P0^3;    //避障左
sbit bz2  =P0^5;    //避障中
sbit bz3  =P0^7;    //避障右
int main()
{
    u8 a;
    for(a=0;a<16;a++)
      delayxms(200);    //开机等待
    Int_init();    //定时器初始化
    while(1)
    {
      if(mode==0)
      {
        if(xj1==0 && xj2==0)    //左右传感器都未检测到黑线,黑线在中间
        {
          Car_Run(1);
          delayxms(100);
        }
        if(xj1==1 && xj2==0)    //左传感器检测到黑线,小车偏右,左拐
        {
          Car_Run(3);
          delayxms(100);
        }
        if(xj1==0 && xj2==1)    //右传感器检测到黑线,小车偏左,右拐
        {
          Car_Run(2);
          delayxms(100);
        }
        if(xj1==1 && xj2==1)    //左右传感器都检测到黑线,黑线在中间
        {
          Car_Run(1);
          delayxms(100);
        }
      }
      if(mode==1)
      {
        if(bz1==1 && bz2==1 && bz3==1)
              //左中右传感器都未检测到障碍物,没有
        {
          Car_Run(1);
```

```
            delayxms(200);
         }
      if((bz1==0 && bz2==1 && bz3==1 ) || (bz1==0 && bz2==0 && bz3==1 ))
//左或左中传感器检测到障碍物,障碍物在左方,右拐
         {
            Car_Run(2);
            delayxms(200);
            delayxms(200);
            delayxms(200);
            delayxms(200);
            delayxms(200);
            delayxms(200);
            Car_Run(1);
         }
      if((bz1==1 && bz2==1 && bz3==0 ) || (bz1==1 && bz2==0 && bz3==0 ))
//右或右中传感器检测到障碍物,障碍物在右方,左拐
         {
            Car_Run(3);
            delayxms(200);
            delayxms(200);
            delayxms(200);
            delayxms(200);
            delayxms(200);
            delayxms(200);
            Car_Run(1);
         }
      if((bz1==1 && bz2==0 && bz3==1 ) || (bz1==0 && bz2==0 && bz3==0 ))
//中或左中右传感器检测到障碍物,障碍物在前方,倒车右拐
         {
            Car_Run(4);
            delayxms(200);
            delayxms(200);
            Car_Run(4);
            delayxms(200);
            delayxms(200);
            Car_Run(4);
            delayxms(200);
            delayxms(200);
            Car_Run(4);
            delayxms(200);
            delayxms(200);
            delayxms(200);
            delayxms(200);
```

```
                delayxms(200);
                delayxms(200);
                Car_Run(2);
                delayxms(200);
                delayxms(200);
                Car_Run(2);
                delayxms(200);
                Car_Run(1);
            }
        }
    }
}
// 延时函数,延时 xms
void delayxms(u8 xms)
{
    u8 i,j;
    for(i=xms;i>0;i--)
      for(j=110;j>0;j--)
      {
          ;
      }
}
/* * * * * * * * * * * * * car.h* * * * * * * * * * * * * * * /
#ifndef _CAR_H
#define _CAR_H
#include "reg52.h"
#define u16 unsigned int
#define u8  unsigned char
extern t,speed;
void Int_init(void);
void Car_Run(u8 dire);
#endif
/* * * * * * * * * * * * * car.c* * * * * * * * * * * * * * /
#include "car.h"
sbit Moto_R=P2^0;
sbit Moto_RA=P2^1;
sbit Moto_RB=P2^2;
sbit Moto_LA=P2^3;
sbit Moto_LB=P2^4;
sbit Moto_L=P2^5;
u16 t=0,speed=6;         // 速度占空比
/* * * * * * * * * * * * * * * * * * * * * * * * * * * * * * *
函数名:  Int_init
```

```
作  用:  中断初始化
参  数:  无
* * * * * * * * * * * * * * * * * * * * * * * * * * * * * * * * /
void Int_init(void)
{
    EA=1;
    TMOD=0x01;
    TH0=(65535-1000)/256;
    TL0=(65535-1000)%256;
    ET0=1;
    TR0=1;
}
/* * * * * * * * * * * * * * * * * * * * * * * * * * * * * * * *
函数名:  T0_PWM
作  用:  PWM 输出
参  数:  无
* * * * * * * * * * * * * * * * * * * * * * * * * * * * * * * * /
void T0_PWM(void) interrupt 1 using 1
{
    TH0=(65535-1000)/256;
    TL0=(65535-1000)%256;
    t++;
    if(t<speed)
    {
      Moto_R=1;
      Moto_L=1;
    }
    else
    {
      Moto_R=0;
      Moto_L=0;
    }
    if(t>=50) t=0;
}
void lcd_delayxms(uchar xms)
{
  uchar i,j;
  for(i=xms;i>0;i--)
    for(j=110;j>0;j--)
    {
        ;
    }
}
```

```
void lcd_delays(uchar xs)
{
    uint i,j;
    for(j=0;j<xs;j++)
      for(i=0;i<10;i++)
        lcd_delayxms(100);
}
/* * * * * * * * * * * 写命令函数 * * * * * * * * * * * * * * */
void WRITE_COM(uchar com)
{
    LCD_RS=0;
    LCD_RW=0;
    lcd_delayxms(10);
    LCD_IO=com;
    LCD_E=0;
    lcd_delayxms(10);
    LCD_E=1;
    lcd_delayxms(10);
    LCD_E=0;
}
/* * * * * * * * * * * * * 写数据函数 * * * * * * * * * * * * * * * * */
void WRITE_DATA(uchar dat)
{
    LCD_RS=1;
    LCD_RW=0;
    lcd_delayxms(10);
    LCD_IO=dat;
    LCD_E=0;
    lcd_delayxms(10);
    LCD_E=1;
    lcd_delayxms(10);
    LCD_E=0;
}
/* * * * * * * * * * * 写字符串函数 * * * * * * * * * * * * * * */
void WRITE_Str(uchar com0,uchar com1,uchar * dat,uchar x)
{
    uchar i;
    if(com0==1)
    {
      WRITE_COM(0x80+com1-1);
    }
    else
      WRITE_COM(0x80+0x40+com1-1);
```

```
        for(i=0;i<x;i++)
        {
          WRITE_DATA(dat[i]);
          lcd_delayxms(10);
        }
    }
/* * * * * * * * * * * 写数字函数* * * * * * * * * * * * * /
void WRITE_Num(uchar com0,uchar com1,uchar dat)
{
    if(com0==1)
    {
      WRITE_COM(0x80+com1-1);
    }
    else
      WRITE_COM(0x80+0x40+com1-1);
    WRITE_DATA('0'+dat);
    lcd_delayxms(10);
}
/* * * * * * * * * * * * * 清屏函数* * * * * * * * * * * * /
void LCD_Clear()
{
    WRITE_COM(0x01);
}
/* * * * * * * * * * * * * 初始化* * * * * * * * * * * * * * * /
void LCD_Init()
{
    WRITE_COM(0x38);
    WRITE_COM(0x0c);
    WRITE_COM(0x06);
    WRITE_COM(0x01);
}
/* * * * * * * * * * * * * * * * * * * * * * * * * * * * *
函数名:  Car_Run
作  用:  小车方向
参  数:  dire-->方向    0:停止  1:前进  2:右拐  3:左拐  4:后退
* * * * * * * * * * * * * * * * * * * * * * * * * * * * * * * /
void Car_Run(u8 dire)
{
  switch(dire)
    {
      case 0:
        {
```

```
            Moto_RA=0;
            Moto_RB=0;
            Moto_LA=0;
            Moto_LB=0;
        }break;
        case 1:
        {
            Moto_RA=0;
            Moto_RB=1;
            Moto_LA=1;
            Moto_LB=0;
        }break;
        case 2:
        {
            Moto_RA=1;
            Moto_RB=0;
            Moto_LA=1;
            Moto_LB=0;
        }break;
        case 3:
        {
            Moto_RA=0;
            Moto_RB=1;
            Moto_LA=0;
            Moto_LB=1;
        }break;
        case 4:
        {
            Moto_RA=1;
            Moto_RB=0;
            Moto_LA=0;
            Moto_LB=1;
        }break;
        default:break;
    }
}
```

3.9.5 系统调试

在确认硬件系统无误后,使用下载软件将 keil 软件生成的 hex 文件下载到单片机内,然后进行调试。调试后的循迹机器人能够比较稳定的依据轨迹行驶,系统实物如图 3-62 所示。

图 3-62　循迹机器人实物图

参考文献

[1]　陈青,刘丽.单片机技术与应用[M].武汉:华中科技大学出版社,2018.

[2]　何宾.STC单片机原理及应用——从器件、汇编、C到操作系统的分析和设计[M].北京:清华大学出版社,2015.

[3]　郭天祥.新概念51单片机C语言教程:入门、提高、开发、拓展全攻略[M].2版.北京:电子工业出版社,2018.

[4]　马静囡,李少娟,李佳,等.单片机应用实例精选——基于51、MSP430及AVR单片机的实现[M].西安:西安电子科技大学出版社,2017.

[5]　陈静,李俊涛,滕文隆,等.单片机应用技术项目化教程——基于STC单片机[M].北京:化学工业出版社,2015.

[6]　朱伟华,刘金明,信众.单片机及嵌入式应用技术项目教程[M].北京:清华大学出版社,2016.

[7]　徐萍,张晓强.单片机技术项目教程(C语言版)[M].2版.北京:清华大学出版社,2019.

[8]　蒋辉平,周国雄.基于Proteus的单片机系统设计与仿真实例[M].北京:机械工业出版社,2010.

[9]　林立,张俊亮.单片机原理及应用——基于Proteus和Keil C[M].4版.北京:电子工业出版社,2018.

[10]　周润景,李楠.基于Proteus的电路设计、仿真与制板[M].2版.北京:电子工业出版社,2018.